米食の変容と展望

2000年以降の消費分析から

青柳　斉

筑波書房

まえがき

　2020年の２月以降、新型コロナウイルスの感染拡大は、私たちの食生活に大きな影響をもたらしている。日常的に食している米やパン、麺類等の主食的消費においても同様である。米食に関しては、外食の機会が大幅に減り、家庭での炊飯や米食調理品への依存がやや高まっている。また、米食と競合するそば・うどん、中華麺等の麺食調理品も一時的に増えた。感染拡大の収束が見通せないなか、米食はどのように変わっていくであろうか。

　ところで、わが国の米食の変容は、１人当たり米消費量が歴史上最大であった1960年代半ばから始まっている。その「変容」の中身は、90年代半ばまでは一言で要約すれば米消費の「減少」と「外食化」である。それ以降になると、さらに「中食化」（調理済み食品への依存）が加わる。

　本書は、主に2000年以降の主食用米消費の動向に関して、公表の統計資料に依拠し、米食の「減少」及び「中食化」の様相とその要因について、産業論的視点から分析している。従ってまた、米の消費形態を分析対象の焦点としつつも、米（食）産業との関わりにおいて把握しようと試みている。具体的には、米食の家庭内食及び中食、外食での消費形態や世代別の特徴、「中食化」と米食関連産業との相互関連、さらに米消費の増減と価格変動や収入水準との関係、そして主食用米需要及び米食の展望について検討している。

　筆者は、農業経済・経営研究者として、これまで米の生産・流通問題と、それに関係深い農協問題について、国内と中国を研究の主なフィールドにしてきた。本書のテーマに取り組む前までは、国内の米産業に関して消費問題を本格的に研究対象としたことはなかった。先行したのは、中国における米の主産地形成に関する実態分析においてである。

　中国の黒竜江省は、江蘇省と並んでジャポニカ米の大産地であるが、1980

年代以降に米生産量が爆発的ともいえるほど急増した。その流通先を追跡するうちに、華北・西北の麺食・雑穀消費圏や長江以南のインディカ米消費圏の主食的消費内容が大都市部を中心に大きく変わっているように思われた。そこで、各省の消費統計に依拠するだけでなく、中国国内の十数カ所の省都等で住民アンケート調査を実施し、地域的な食料消費構造の変化を捉えようとした。その内容は、筆者編著『中国コメ産業の構造と変化』(2012年)に詳しいが、このとき初めて米の消費動向にも研究対象を拡げることになった。

　国内の米消費分析への着手は、米食の「中食化」を定量的に捉えようとした試みがきっかけである。その作業過程で、総務省「家計調査」や厚生労働省「国民健康・栄養調査」に依拠して、長年疑問であった米消費の減少要因を解明できないかと思うようになり、この分野に深入りすることになった。

　国内の食料消費問題に関しては、公表統計に依拠した計量経済学的な研究に加えて、最近では貧困世帯や母子家庭の食生活・食事問題に焦点を当て、詳細なアンケート調査に基づいた実証的な研究も散見される。一方、米穀産業論の分野では、稲作経営や水田農業構造、米流通・加工、米政策等に関して、これまでに膨大な研究蓄積がある。その中で、米の消費実態に関わる現状分析となると意外にも少ない。本書が主食用米消費の全体像解明に、多少とも貢献できれば幸いである。

　なお、本書の第1〜4章は下記の既発表論文に依拠しているが、一部内容の修正や最近の統計での補足に加えて新たに作成した図表の挿入などもあり、大幅に加筆している。また、第5・6章及び補章は新たに書き下ろした論考である。

①「米消費の中食化と業務用米の需要動向」『農業と経済』第84巻第12号、2018年12月、68〜77頁

②「米消費の減少要因と世代別消費の特徴―2000年以降を中心として―」同上、第85巻第9号、2019年10月、100〜111頁

③「米消費の中食化傾向と世代別の特徴」同上、第85巻第11号、2019年11月、73〜82頁

④「単身世帯における米消費の動向と特徴─総務省『家計調査』から─」『地域農業と農協』第49巻第3号・50巻第1号合併号、2020年4月、26〜34頁

目　次

第1章

米食の減少要因と世代間の違い

1　はじめに

　いま、主食用米の国内消費量の動向について、農水省「食料需給表」に依拠して、米の「供給純食料」の推移で見てみると、1963年の1,118万トン（菓子・穀粉を含まず）を最大に、翌年から今日までほぼ一貫して減少傾向にある。これに対して、1人当たり供給熱量が最初のピークを迎える70年代初めまでは、野菜・果実や牛乳、肉類、魚介類等の供給量が急速に増える。従って、当時までの米消費の減少要因としては、敗戦直後の米・穀類の偏食から脱皮し、所得向上による食料消費の多様化にあると理解されている[1]。

　また、小麦食の増大をめぐっては、学校給食でのパン食導入や「キッチンカー」（料理講習車）による小麦粉料理の普及など、戦後の「アメリカ小麦戦略」や欧米食生活を模範とした旧厚生省の「栄養改善運動」の政策的影響を指摘する見解もある（異論もある）[2]。

　但し、1976年以降になって学校給食に米飯が導入され、文部科学省「米飯給食実施状況調査」によれば、完全給食を実施している小中学校等の米飯給食実施普及率は80年代初めには9割に達した。そして、米飯給食の週平均実施回数では86年度に2回、2007年度には3回を超え、18年度には3.5回に至る。また、80年に農政審議会が「日本型食生活」の見直しを提唱し、83年に「食生活ガイドライン」（農水省）が策定され、その後に農水省や系統農協を中心に米消費拡大運動が展開されてきた。それにも関わらず、米の消費は2000年代に入っても減少し続けている。それは何に起因するのであろうか。

　これまで、家庭での米購入（内食）の減少要因については、「食の簡便化」

志向が強い単身世帯や共稼ぎ世帯の増大等で説明されている⁽³⁾。但し、「食の簡便化」志向は「食の外部化」要因を説明し得ても、中食・外食をも含む米消費量全体の減少問題を解いたことにはならない。その意味で、近年における米消費の減少傾向の背景については、詳細に検討した文献が乏しく曖昧な理解に晒されている。

そこで本章は、主に厚生労働省「国民健康・栄養調査」（食品摂取量）の公表統計に依拠して、主として2000年以降の米消費減少の特徴とその要因に関して、米消費と代替・競合関係にある他の食料消費や年齢階層別動向等との関連において検討してみたい。

2　米食の減少と食料消費構造の変化

まず、「食料需給表」（農水省）の「供給純食料」において、国内米消費の期間別減少率とその規定要因について計数的に捉えてみよう。

米の国内供給純食料の大きさは、国内総人口と国民１人当たり米供給純食料によって決まる。そして、国内供給純食料の増加率（a）は、国内人口増加率（b）及び国民１人当たり供給純食料の増加率（c）と「a＝b＋c＋b・c」という代数式の関係にある。言い換えれば、国内米消費量の増減要因は、国内の人口要因と国民の米消費選好要因、その他要因の３者で計数的に捉えられる。**図1-1**は、「食料需給表」に依拠して1960年以降の主に５年期間ごとの上記係数（a、b、c、b・c）を算出し、その数値をグラフ化している。なお、b・c（その他要因）の数値は微小なので無視してよい。

同図によれば、60年代後半（70／65年）から70年代後半（80／75年）までは、各時期５％前後を超える高い人口増加率であった。ところが、同期間の国民１人当たりの米供給純食料は△８％〜△16％という高い減少率により、人口増による国内消費増大効果を相殺した。そのことが、米の国内供給純食料では、同図の折れ線グラフが示すように60年代後半と70年代後半に△11.0％、△6.5％という大きな減少をもたらしている。

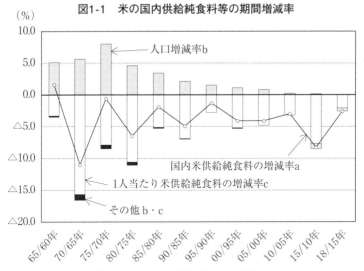

図1-1　米の国内供給純食料等の期間増減率

注）農水省「食料需給表」より作成。「増減率」の各項目は、代数式 a＝b＋c＋b・c
　　の関係にある。

　80年代前半（85／80年）以降になると、人口増加率の逓減下で、1人当
たり米供給純食料の減少率が低下しており、00年代後半（10／05年）まで
の国内供給純食料の減少率は、△1.3％～△4.9％の小幅な変動で推移する。
そして、2010年代前半（15／10年）では、国内人口が減少に転じた上に、
1人当たり米供給純食料の減少率は00年代後半の△3.2％から△7.7％へと再
び高くなる。そのことが、国内全体の米供給純食料の減少率を△8.3％とい
う60年代後半水準に次ぐ高さに引き上げており、その傾向は18／15年にお
いても続いている。今後は、1人当たり米消費減少と人口減少の相乗効果に
より、主食用米の国内総消費量の減少は加速していくであろう。
　ここで、1人当たり米消費の減少要因に関して、他の食料消費との競合関
係から検討するために、食品分類別の食料消費の大きさを熱量（エネルギー）
ベースで対比してみよう。そのさい、1人1日当たりの食品消費熱量に関す
る公表統計としては、「食料需給表」が掲載している「供給純食料」の熱量

表1-1　1人1日当たり食品摂取熱量の推移等

	(対比)年	摂取熱量計	動物性食品				植物性食品		
			魚介類	肉類	乳類	その他	米類	小麦類	その他
摂取熱量(kcal)	1980	2,084	119	180	79	59	793	216	639
	1990	2,026	141	164	89	77	698	216	642
	2000	1,948	138	183	92	73	564	237	661
	2001	1,954	139	156	101	67	598	216	676
	2010	1,849	111	174	89	61	558	217	639
	2018	1,900	101	228	103	71	519	216	662
期　間の増減(kcal)	1990/80	△58	22	△16	10	18	△94	△0	2
	2000/90	△78	△3	20	2	△3	△134	21	19
	2010/01	△105	△28	18	△12	△7	△40	1	△37
	2018/10	51	△10	54	14	10	△39	△2	23
増減寄与率（%）	1990/80	100.0	△38.6	28.1	△17.8	△30.5	162.6	0.3	△4.1
	2000/90	100.0	3.2	△24.9	△3.1	4.3	170.8	△26.1	△24.2
	2010/01	100.0	26.8	△16.8	11.2	6.4	38.3	△1.0	35.2
	2018/10	100.0	△20.1	105.4	27.0	20.9	△75.8	△3.1	45.8

注）厚生労働省「国民健康・栄養調査」より作成。2001年に食品分類区分や計測方法に変更があり、00年以前の数値と連続しない。また、「増減寄与率」とは、「摂取熱量計」の「期間の増減」に対する各品目の増減割合（寄与率）である。なお、「期間の増減」は、「摂取熱量」から算出されるが、原統計の少数点1桁数値で計算した結果をラウンドした整数値で表示しているため、計算結果と一致しない場合がある。

換算値と、「国民健康・栄養調査」（厚生労働省）による「食品摂取熱量」がある。

　後者は、前者に比べて「めし」「おにぎり」（米類）や「食パン」「うどん」（小麦類）[4]など可視的な食品・商品形態で捉えられており、その動向は消費者の食品選択・嗜好の傾向性を端的に示す。また、食品摂取量は、文字通り「口に入れた食物の摂取量」であるため、加工・調理過程での食品ロスや食事後の残滓ロス等は含まれない[5]。そこで、食品摂取量の熱量ベースでその品目別の動向を見てみよう。

　表1-1は、「国民健康・栄養調査」に依拠して、80年以降の1人1日当たり食品摂取熱量の推移を示している。なお、同調査は、01年に一部の品目で食品分類区分や計測方法に変更があり、00年以前の統計と連続しない。

　同表によれば、摂取熱量計は2010年頃までは減少し続けており、2000／1980年対比で△6.5%、2010／01年では△5.4%の減少率になる。肉体労働の

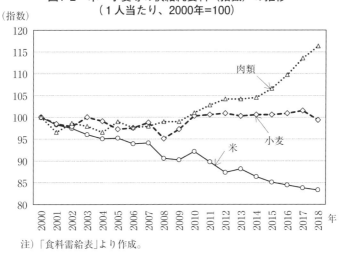

図1-2　米・小麦等の供給純食料（指数）の推移
（１人当たり、2000年＝100）

注）「食料需給表」より作成。

　減少や健康志向の増大等の理由から、食物消費量の大枠が抑制されるという
観点に立てば、この時期はいわば熱量ベースで「小食化」であったといえ
る[6]。そして、摂取熱量計の減少に対する各品目の寄与率は、80・90年代
では米類（米・加工品）が163・171％と突出して大きい。2001〜10年では、
減少寄与品目は米類に加えてその他植物性食品や魚介類に分散する。
　ところが、2010〜18年になると、主に肉類の増大が米類の減少を相殺して
大きく上回り、食品摂取熱量は微増に転ずる。肉類の摂取は、他品目の動向
とは異なり、90年代から増大し続けている。これに対して小麦類（小麦・加
工品）は、各時期の摂取熱量の増減が微小であり、小麦消費が急増した60年
代の状況とは異なって、80年以降の米消費の減少とは無関係のように見える。
　なお、米及び代替品目である小麦、熱量ベースで競合関係にある肉類の３
者について、2000年以降の「供給純食料」（１人当たり）の推移を見てみよう。
図1-2によれば、米のほぼ一貫した減少傾向に対して、小麦ではおよそ横ば
い状況であり、肉類では10年頃からの上昇基調が確認できる。その品目別特
徴は、表1-1の「摂取熱量」の動向と符合している。

3 中高年世代で米食が激減

　食料消費の内容は、世代間で大きく異なると想定される。**図1-3**は、米類の年齢階層別摂取量の推移について、基準年次の20代摂取量＝100とした相対指数でグラフ化している。なお、摂取量の計測方法が01年に変更されたため、基準年次を95年と01年の２つに設定し、摂取量の推移を00年までと01年以降に区分して表している。

　同図によれば、90年代後半の米類の摂取量は、10代後半（15〜19歳）では97年の突出値を除くと横ばい気味であるものの、他の年齢階層では全て減少傾向にある。そのなかでも、95年では10代後半の摂取量を上回っていた50・60代の減少度合いが特に大きい。

　そして01年以降では、10代後半を除いて、20代以上の各世代では引き続き

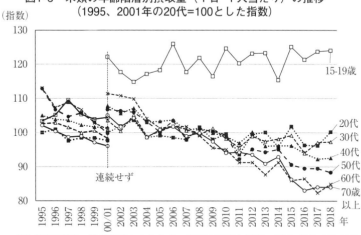

図1-3　米類の年齢階層別摂取量（１日・１人当たり）の推移
（1995、2001年の20代＝100とした指数）

注）「国民健康・栄養調査」より作成。以下の図表も同じ。2000年までは1995年の20代＝100とした場合、01年以降18年までは01年の20代＝100とした指数の推移である。また、「00/01」は、00年と01年の重なりを示す。なお、米類（米・加工品）の米は、01年より「めし」「かゆ」など調理を加味した数量となり、00年以前と01年以後の統計は連続しない。17・18年の「70歳以上」は、「70代」と「80歳以上」の平均値である（以下の図表も同じ）。

減少傾向が続く。世代別の減少度合いは、20・30代＜40代＜50代＜70歳以上
＜60代の不等式で表すことができ、60代及び70歳以上では18／01年対比で
△24％、△20％と顕著である。これに対して、10代後半の摂取量は、01年以
降になると上下に大きく変動しながらも、01～18年の推移を鳥瞰すればやや
上昇の傾向にある。

　以上の結果、08年頃を境に、それ以降の20・30代と中高年世代の米摂取量
は逆転し、10代後半をも含めてその世代間格差が拡大してきている。具体的
には、08年時点では、20代以上層における世代間格差がほとんど無くなり、
最大摂取量の10代後半とでは22％の格差であった。それが18年時点になると、
最小の70歳以上の摂取量は20代に比べて16％少なく、10代後半とはその約３
分の２にすぎない。そして、20代以上層の減少度合いは、特に09年頃から加
速しているように見える。いま、09／01年と17／09年の各８年間の減少率
で対比すると、20代以上層平均で前者の△6.6％に対して後者は△8.6％、50
代以上層平均では△9.3％対して△12.7％といずれも09年以降の減少度が大き
い。

　ここで、改めて同一世代の米消費の変化を確認するために、**図1-4**で01年

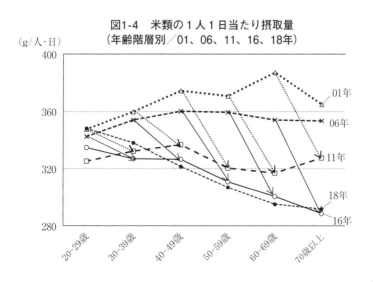

図1-4　米類の１人１日当たり摂取量
（年齢階層別／01、06、11、16、18年）

と11年、06年と16年の各世代別摂取量を対比させてみよう。なお、参考までに18年の実績値も示してあるが、16年の折れ線とほぼ重なる。

　まず、図中の矢印が示すように、11／01年及び16／06年対比のいずれでも、20・30代が10年後の30・40代へ移行した時よりも、40〜60代が50代以上層の各世代に移行した時のほうが、米摂取量の減少度合いは顕著に大きい。例えば20代の場合、06年の米類摂取量（1人・1日）は342.3ｇに対して、30代に移行した16年では326.8ｇであり、この間4.5％の減少に留まる。これに対して50代の場合、06年の359.4ｇから16年（60代）には300.4ｇに低下し、その減少率16.4％は30代減少率の3.6倍に当たる。

　また、各年の世代間摂取量格差を対比してみると、01年時点では、20代の摂取量よりも30代以上層のほうが大きく、年齢階層の横軸に比してやや右上がりの折れ線グラフであった。それが16年時点では、中高年世代ほど米類摂取量は小さくなり、時系列的にも明らかに右下がりの折れ線グラフに移行してきている。

　以上のことから、国民1人当たり平均の米消費量の減少傾向は、近年の場合、特に中高年世代における米消費の大幅な減少を反映しているといえよう。それは、他の食品消費とどのような関係において生じているのであろうか。

4　米食に対する小麦・肉類消費の影響

　表1-2は、主な食品分類品目の年齢階層別の摂取量及び摂取熱量に関する統計を示している。同表によれば、2018年の食品摂取熱量（20歳以上平均）ベースで大きな比重を占めている品目は、米類（519kcal、27.3％）のほかに小麦類（221kcal、11.6％）と肉類（228kcal、12.0％）である。そこで、この3品目に関して、01年実績値を100とした18年の指数対比で年齢階層別摂取量の増減動向を見てみよう。

　まず、米類の動向については、前掲図1-3、図1-4でも確認されたように、20・30代の摂取量は0・△6％の横ばい・微減に留まっているのに対し、40

表 1-2　主要食品の摂取熱量及び摂取量の年齢階層別指数
（20 歳以上、1 人 1 日当たり）

対比年	品目	食品摂取量の時期別・年齢階層別指数						熱量（kcal、20歳以上平均、2018年）	
		20～29歳	30～39歳	40～49歳	50～59歳	60～69歳	70歳以上		
18/01年対比（01年=100）	魚介類	57	68	53	56	69	80	108	摂取熱量（kcal）
	肉類	145	133	145	159	167	170	228	
	乳類	70	61	55	67	86	101	89	
	（穀類）	(97)	(94)	(91)	(88)	(83)	(87)	(758)	
	米類	100	94	86	83	76	80	519	
	小麦類	88	95	105	101	111	123	221	
	豆類	120	121	111	95	98	107	76	
	野菜類	98	96	90	86	88	101	71	
	果実類	60	69	53	46	67	95	64	
世代別対比（20代=100、18年）	魚介類	100	121	115	146	185	176	5.7	熱量構成比（％）
	肉類	100	86	84	80	65	49	12.0	
	乳類	100	99	95	116	138	140	4.7	
	米類	100	97	92	88	85	84	27.3	
	小麦類	100	112	110	97	94	87	11.6	
	豆類	100	110	112	127	144	137	4.0	
	野菜類	100	100	100	110	122	119	3.7	
	果実類	100	110	110	147	253	310	3.4	

注）品目別の「熱量構成比（％）」とは、摂取熱量計 1,930kcal に占める各品
　　目の構成割合（8品目計で 71.3％）を示す。

代以上層の減少度合いが大きく△14～△24％も減少している。そして、18年
時点では、20・30代の摂取量に比べて60代・70歳以上はその15・16％の低さ
にある。

　これに対して、主食として代替関係にある小麦類の摂取量では、18／01
年対比で20・30代の△12・△5％の減少、40・50代の微増に対して、60代・
70歳以上は11・23％の増大となっている。そして、18年時点では、20代の摂
取量を100とした指数対比で各年齢階層は87～112の範囲にあり、他の品目に
比べて小麦類消費の世代間格差は小さい。

　なお、前掲表1-1及び図1-2によれば、小麦（類）の摂取熱量及び供給純
食料は、01（00）年以降からほぼ横ばい傾向にあった。その状況は、20・30
代に加えて19歳以下層の小麦類摂取量の低下が60歳以上層の増大を相殺する
ことによって生じている。表1-2には示していないが、18／01年対比の小
麦類摂取量では、6歳以下、7～14歳、10代後半はそれぞれ△15、△23、△

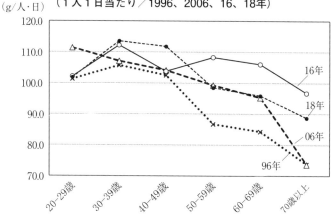

図1-5　小麦類の年齢階層別摂取量
（1人１日当たり／1996、2006、16、18年）

(g/人・日)

16年

18年

06年

96年

20～29歳　30～39歳　40～49歳　50～59歳　60～69歳　70歳以上

11％と減少している。

　また、年齢階層別の小麦類摂取量の変化について、**図1-5**で96年、06年、16年の10年ごとの推移で見てみよう。同図によれば、96年時点での摂取量は、40代以下層に比べて50代以上層の中高年世代が２～３割ほど小さく、折れ線グラフは横軸の年齢階層に比しておよそ右下がりの傾向にあった。その後、小麦類の摂取量は10代後半で減少し、20～40代層で微増減に留まっているのだが、50代以上層では大幅に増大している。

　その結果、16年時点の折れ線グラフは30代と50代を小さな山とする形状へと変化し、96年に比べて世代間の摂取量格差は平準化している。このような中高年世代における小麦主食品の消費増大は、同世代の米消費の顕著な減少と裏腹の関係にあるとみてよい。但し、18年の折れ線グラフでは、中高年世代の摂取量が減少して06年時に回帰していく様相を見せている。小麦類摂取量の直近の変化に関しては、改めて後述する。

　ここで、穀類合計の摂取量について、改めて前掲**表1-2**から18／01年における年齢階層別の動向を見てみると、20・30代は△３・△６％の微減に留まるのに対して、50代以上層では１割以上も減少している。このことは、中

高年世代の米消費の大幅な減少には、小麦類主食品に加えて、非穀物食品の消費増大も影響していることを示唆している。

　そこで次に、摂取熱量ベースで小麦類に次ぐ大きさの肉類についても、その年齢階層別消費の動向を同表で見てみよう。まず、18年時点での肉類摂取量は年齢階層と逆比例しており、60代及び70歳以上では20代の65％、49％に留まっている。但し、その摂取量の動向では、2018／01年対比でいずれの年齢階層でも増大しているのだが、その増加の度合いは中高年世代で顕著であり、30代＜20・40・50代＜60代・70歳以上という大きな世代間格差が見られる。

　また、肉類消費の増大は、動物性蛋白質の摂取で競合する魚介類の消費動向に影響している。同表で確認されるように、魚介類の年齢階層別摂取量は、肉類消費の様相とは反対に中高年世代が大きく、60代・70歳以上と20～40代とでは1.5～1.9倍の格差がある。そして、18／01年対比で見ると全年齢階層で大幅に減少しており、その減少度合いは、70歳以上＜60・30代＜50・40・20代という世代間の格差がある。

　但し、中高年世代の場合、魚介類の減少度が小さく肉類消費の増加率は顕著に高いことから、同世代の肉類消費の増大は、食品摂取熱量では緩い代替関係にある米の消費減少にも影響していると考えられる。

5　穀類消費の男女世代間の違い

　ところで、以上で明らかにした米・穀類消費の傾向は、性別によっても異なるであろうか。いま図1-6により、「国民健康・栄養調査」における米類及び小麦類の1人1日当たり摂取量について、2001年対比の指数で01年以降の動向を男女別に比較してみよう。

　まず、米類の摂取量については、男女ともほぼ一貫して右下がりの減少傾向にある。但し、その減少度は特に2010年頃から女性が大きくなっており、18年の指数では男性の88に対して女性は85とやや低い。

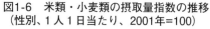

図1-6　米類・小麦類の摂取量指数の推移
（性別、1人1日当たり、2001年=100）

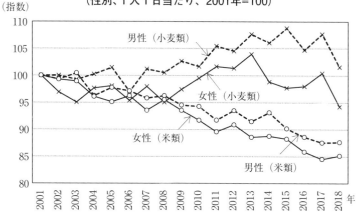

　他方、小麦類（主にパン・めん類）については、男性の場合、00年代末頃から年ごとに小刻みな増減を繰り返しながら15年の指数109までは上昇傾向にあった。そして最近では、16年105、17年108、18年102と減少に転ずる傾向を見せている。これに対して女性の場合、指数100を軸にして増減変動の大きな波を描いているが、指数101以上の年次は2011年（指数102）と12年（101）、13年（104）のみである。従って、前掲**表1-2**で確認される中高年世代の小麦摂取量の上昇は、主に男性によって牽引されていたと示唆される。

　そこで、さらに男女それぞれの世代別の傾向について、同様に01年対比の指数で詳しく検討してみよう。

　まず、米類の摂取量について男性の場合、**図1-7**によれば、各世代別の傾向は3つに分かれる。まず、10代後半や2015年頃までの20代の場合は、指数100前後に大きく増減変動しているが、鳥瞰すれば横這いの傾向にあると見なせよう。また、30〜50代は、小刻みな増減を伴いながら減少傾向にあり、18年の指数では90前後に低下している。同様に、60代及び70歳以上も減少傾向にあるのだが、その減少度合いは大きく、同年指数では80前後の低さになる。

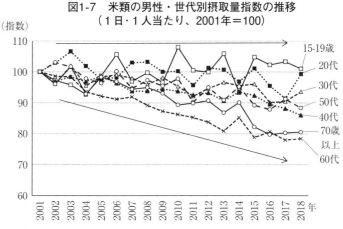

図1-7　米類の男性・世代別摂取量指数の推移
（１日・１人当たり、2001年＝100）

注）2017・18年の「70歳以上」は、「70代」と「80歳以上」の平均値である。
以下の図も同じ。

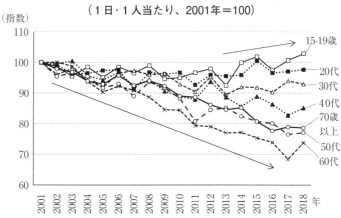

図1-8　米類の女性・世代別摂取量指数の推移
（１日・１人当たり、2001年＝100）

　他方、女性の場合について**図1-8**で見てみると、その世代別の特徴は、横ばい傾向ないし減少度の小さい10代後半・20代と、おおよそ一貫して減少傾向にある40代以上層、その中間に位置する30代とに分けられる。20代以下の若い世代の場合、子細に見れば、2011年ないし13年までは微減傾向にあったのが、その後は01年水準付近に回帰している。

40代以上層では、減少度合いにおいて40代＜50代・70歳以上＜60代という世代間格差があり、しかも男性の当該世代よりも減少度が大きい。また、世代間の格差が拡大傾向にあり、18／01年対比の指数で10代後半の最大103と60代の最小74との指数格差は29になる。これは、男性の同世代間格差23（10代後半101と60代78の差）よりも大きい。

　以上のことから、2000年頃以降の国内米消費量のほぼ一貫した減少傾向には、主として60代以上層の男性と40代以上層の女性の米消費減が寄与しているのだが、その中でも女性の消費減の影響がやや大きいといえよう。

　次に、米消費と代替関係にある小麦類の摂取動向について世代別に検討してみよう。

　まず、男性の世代別傾向について図1-9で見てみると、16・17年までに小麦類の摂取量が顕著に増大している世代は60代及び70歳以上である。これに対して20代・40代は、00年代末に上昇して以降はおおよそ指数110前後で推移している。また、30代・50代は、指数100前後で変動を繰り返しながら鳥瞰すれば横這い傾向にある。そして、10代後半はおよそ指数100を中心に大きな波を描いて変動している。

　他方、女性の場合について図1-10で見てみよう。各世代とも増減変動が大きいものの、長期の視点で大まかに捉えれば、16・17年までは60代及び70歳以上が顕著に増大している。対照的に10代後半及び20代は下降傾向にある。そして、50代は06年頃から指数110を中心に、40代は90〜100の範囲で、30代は03年頃以降に90〜96の範囲で、それぞれ上下に変動しながら横ばい傾向にある。このことから、前掲図1-6で見られた女性平均での横這い傾向（指数100を基軸にした大きな上下変動）は、60代以上層の上昇傾向を50代の大きな増減変動と20代以下層の下降傾向とが相殺した結果といえる。

　以上の男女世代別対比から、中高年世代において、近年の小麦食の増大傾向を牽引している主体は前述の男性というより、正確には60代以上層の男女ということになる。それぞれの小麦類摂取量の増加度は、17／01年対比の指数で見た場合、女性の60代・70歳以上が135及び118であり、男性ではそれ

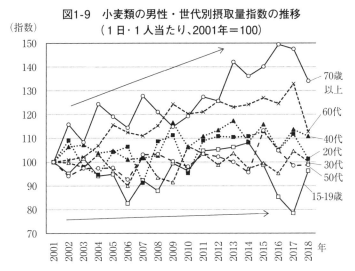

図1-9　小麦類の男性・世代別摂取量指数の推移
（1日・1人当たり、2001年＝100）

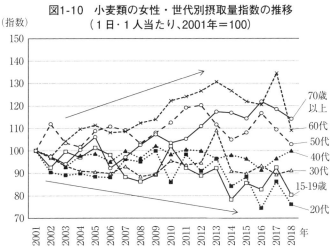

図1-10　小麦類の女性・世代別摂取量指数の推移
（1日・1人当たり、2001年＝100）

それ133及び147と顕著である。

　但し、両図に見るように、直近の18／17年対比では男女とも多くの世代で小麦類摂取量は減少している。特に60歳以上では、それまでの上昇傾向に反して減少幅が大きく、同年対比で男性の60代・70歳以上の指数は△20（133→113）と△13（147→134）、女性の60代では△26（135→109）と大幅に

下がる。なお、前掲図1-2における小麦の供給純食料の推移においても、2010〜17年では横ばいないし微増傾向であったのが、18／17年には指数102から99に低下している。

　この直近の現象は、「国民健康・栄養調査」の統計に散見される一時的な異常値として扱うべきか、それとも特有の背景事情に起因すると考えるべきであろうか。そこで、小麦類内訳の細品目別にその摂取量の推移を詳しく見てみよう。

　2018年時点で、小麦類の摂取量（97.3 g ／人・日）に占める「うどん、中華めん類」の割合は36.0％、「パン類（菓子パンを除く）」34.4％、「その他」（菓子パン、即席中華めん、パスタ類等）29.6％である。図1-11によれば、「うどん、中華めん類」の摂取量は、13年まではおおよそ上昇傾向にあった。それが14年以降になると明らかに減少に転じ、しかもその減少幅が大きく、18／13年対比で指数△18（115→97）の低下になる。

　これに対して「パン類」では、00年代は指数95前後を基軸に上下変動していたが、09年から13年にかけては上昇傾向に転じた。そして、13年以降はおよそ指数100〜106の範囲内で年次ごとに増減を繰り返しており、平均すれば約103の水準で横ばい状況に見える。また、「その他」では、92〜101の範囲で増減変動しており、鳥瞰すれば横ばい基調にある。

　以上のことから、18／17年の小麦類摂取量の「減少」（△6.1％）は、「うどん、中華めん類」の減少傾向に、「パン類」及び「その他」の短期変動における減少局面が重なったために生じている。そして、前年（17／16年）の小麦類の「微増」（2.9％）は、「うどん、中華めん類」の減少傾向が「パン類」及び「その他」の増大局面で相殺された結果といえる。また、前掲図1-9、1-10で見られた男女60歳以上の小麦類の減少には、「うどん、中華めん類」の摂取量低下が大きく関係しており、男性の60代、70歳以上の同品目は18／17年対比で△18.3、△19.0％、女性の60代で△38.8％の減少となっている。

　従って、3品目の上述の傾向が変わらないと仮定すれば、今後の小麦類の

図1-11　小麦類の細品目別摂取量指数の推移（2001年＝100）

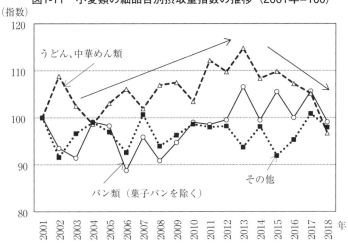

摂取量は、短期的には上昇することがあっても、「うどん、中華めん類」の動向に左右されて傾向的には減少していくと予想される。但し、前掲図1-2によれば、小麦の「供給純食料」の推移では、2018／17年では低下しているものの、2010年から17年までは横ばいないし微増傾向にあった。

　また、総務省「家計調査」によれば、第3章で示すように、パン（菓子パン含む）の購入量（1人当たり）は15年以降に微増から横ばいに転じているのだが、調理パン（中食）の購入支出では同年以降も微増傾向が持続している。そして、麺類消費では外食化が進展しており、麺類の購入量は12年以降で一貫して減少しているのに対して、「中華そば（外食）」及び「日本そば・うどん（外食）」の購入支出（物価調整ずみ）では、12年頃から増大傾向にあり、特に前者は18・19年に急増している。

　このような点から、「小麦類」（パン類や麺類等）の消費動向については、「国民健康・栄養調査」の摂取量に加えて、「家計調査」の家庭購入量・支出や「食料需給表」の供給純食料の推移をも見極めて判断する必要がある。

6 米消費と競合関係にある食品

ところで、前掲**図1-6**が示すように、男性の場合、米類摂取量の大幅な減少による穀類消費の低下は、2015年頃までは主食として代替関係にある小麦類の摂取増により、ある程度緩和されていると推測できる。これに対して女性の場合、男性以上に米類摂取量が減少しているにも関わらず、01年以降の小麦類摂取量は同年水準を大幅に下回る年次が多い。その結果、**図1-12**に見るように、穀物摂取量の減少度合いは男性よりも女性のほうが大きく、14／01年及び18／01年対比の指数で男性96、91に対して女性は92、88と低い。

また、この間の穀物摂取量と食物摂取熱量は、同図に見るように、2011年までは両者（指数）の折れ線が男女とも重なるような逓減度で減少傾向にあった。従って、前掲**表1-1**でも指摘したように、この頃までは「小食化」の状況にあり、穀物消費の減少がそのまま食物全体の消費減を生じさせていたといえる。

ところが、それ以降になると両者は乖離してくる。特に15年以降では、穀

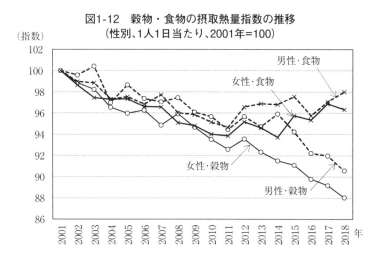

図1-12　穀物・食物の摂取熱量指数の推移
（性別、1人1日当たり、2001年=100）

物摂取量が減少し続けるにも関わらず、食物摂取熱量は男性の場合では横遣い状況に、女性の場合では上昇傾向に転ずる。その背景には、肉類・乳製品など穀物以外の食料消費の増大が影響していると想定される。

　米類・穀物の消費動向と他の食料消費との関係については、摂取熱量ベースで捉えた前掲**表1-1**で検討している。ここで、2001年以降に限って、品目細分類別にその関係をさらに詳しく検討してみよう。そのさい、食品摂取熱量の低下傾向にあった01年から11年までと、それ以降から横遣いないし増加傾向に転じている18年までの期間に分けて、時期別の特徴を捉えてみたい。

　表1-3は、「その他」を含む食品分類14品目について、01年・11年・18年

表 1-3　品目分類別食品摂取熱量の期間別増減等

品　目	摂 取 熱 量 (kcal/人・日)				期間の増減 (kcal)		増減寄与率 (%)	
	2001年	2011年	2018年	構成比(%)	11/01年	18/11年	11/01年	18/11年
合　計	1,954	1,840	1,900	100.0	△114	59	100.0	100.0
1.魚介類	139	111	101	5.3	△29	△10	25.1	△16.7
2.肉　類	156	175	228	10.8	19	53	△16.4	88.9
（牛　肉）	(26)	(32)	(37)	(1.8)	(6)	(5)	(△5.5)	(7.7)
（豚　肉）	(65)	(70)	(99)	(4.6)	(5)	(29)	(△4.5)	(49.3)
（鶏　肉）	(31)	(34)	(50)	(2.3)	(3)	(16)	(△2.8)	(27.3)
3.卵　類	57	53	62	3.0	△4	9	3.5	15.5
4.乳　類	101	94	103	5.6	△7	9	6.1	15.0
（牛　乳）	(69)	(57)	(52)	(2.9)	(△12)	(△5)	(10.8)	(△8.8)
（乳製品）	(32)	(37)	(51)	(2.7)	(5)	(14)	(△4.7)	(23.6)
5.油脂類	100	88	97	5.3	△12	9	10.3	15.0
6.米　類	598	543	519	27.3	△56	△23	48.9	△39.2
7.小麦類	216	219	216	11.8	3	△3	△2.6	△5.7
8.豆　類	70	61	71	3.9	△9	10	7.7	16.8
9.野菜類	69	67	68	3.8	△3	1	2.3	1.7
10.果実類	75	63	61	3.4	△12	△3	10.2	△4.2
11.菓子類	88	84	88	4.7	△4	4	3.6	6.9
12.飲料類等	78	75	78	4.1	△3	3	2.6	5.4
13.調味料類等	108	110	109	5.8	2	△2	△2.0	△0.7
14.その他	99	98	99	5.2	△1	1	0.8	1.3

注）「飲料類等」とは嗜好飲料類、「調味料類等」とは調味料・香辛料類をいう。また、「増減寄与率」とは、「摂取熱量計」の「期間の増減」に対する各品目の増減割合（寄与率）である。なお、「期間の増減」は、「摂取熱量」から算出されるが、原統計の少数点一桁数値で計算した結果をラウンドした整数値で表示しているため、表中の「摂取熱量」の整数値で計算した結果と一致しない場合がある。

の摂取熱量（1人1日当たり）及び11／01年、18／11年の期間増減、期間増減計に対する各品目の寄与率を示している。

　同表によれば、まず11／01年において、摂取熱量の合計は△114kcalの減少となっているが、それは主に魚介類（△29kcal）と米類（△56kcal）の減少に起因している。その他にも減少した品目が多いのに対し、増加品目では肉類（19kcal）を除けば小麦類と調味料類等がわずかに増えているにすぎない。

　そして、18／11年では摂取熱量の合計で59kcal増加しているが、その増加寄与品目には肉類（53kcal）に加えて、卵類・乳類・油脂類（各9kcal）、豆類（10kcal）など減少から増加に転じた品目が多い。反対に減少した品目は少なく、しかも魚介類（△10kcal）と米類（△23kcal）以外は減少度の小さい品目である。

　さらに、増加した肉類・乳類・豆類について、その内訳品目別に詳しく見てみよう。まず、肉類の増加には、豚肉（29kcal）と鶏肉（16kcal）の寄与が大きく、牛肉（5kcal）は小さい。また、乳類では、2000年代に入って牛乳はほぼ一貫して減少傾向にあり、反対に乳製品が増加基調にある。18／11年では、前者は△5kcalに対して後者（特にヨーグルト等の発酵乳・乳酸菌飲料）は14kcal増加している。豆類の増加は、同表に示していないが主に納豆（8kcal増）によるものである。

　以上の品目別動向は、世代別にはどのような違いが見られるであろうか。**図1-13**は、肉類等5品目の摂取量について、18／11年対比の指数を年齢階層別にグラフ化している。同図によれば、肉類と豆類の摂取量は全世代的に増大しているが、肉類の増加率は特に60代・70歳以上が38、36％と顕著で、豆類では30代が35％と突出している。また、乳類で大きく増大している世代は50代以上層に限られている。

　以上のように、18／11年における米消費減少との「相殺関係」には、肉類のほかに乳類（乳製品）や豆類の消費増も関与していることが分かる。さらにこれらの品目は、前掲**図1-12**で見たように、12年以降から食物全体の

図1-13　米・肉類等の摂取量指数の変動
（年齢階層別、18／11年対比）

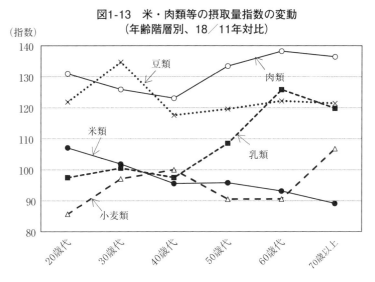

摂取熱量を減少傾向から横ばいないし上昇に転じさせたと理解できる。そして、米類摂取量の減少との「相殺関係」が最も顕著な世代は、**図1-13**が端的に示すように60代以上層ということになる。

　要するに、2010年頃から、豚肉や鶏肉に加えて、乳製品、納豆などの食物消費の多様化が進展しており、魚介類とともに米消費の減少に強く影響している。そして、その傾向は米消費の減少度合いが大きい60歳以上層で顕著といえる。

7　まとめ

　近年の米消費の減少要因に関して、本章での検討を改めて整理すると以下のようになる。

　まず、主食用米の国内消費量の動向を「供給純食料」の推移で見ると、1960年代半ば以降から今日まで一貫して減少傾向にある。その減少度合いは、90年代前半から2000年代後半においては、それ以前に比べて低く推移してい

たが、2010年以降になると再び高くなる。その状況は、10年代前半になると国内人口が減少に転じた上に、国民１人当たり米消費の減少率が上昇した結果であった。

　そして、１人当たり米消費の減少は、他の食料消費の動向と大きく関連している。まず、1970代半ば以降から2011年頃までの米消費の減少は、食品摂取（熱）量ベースで見た「小食化」を反映していた。そして、12年以降になると、他の食品（特に肉類）の消費増大が米消費の減少分を相殺して食品摂取熱量は微増に反転する。

　ここで、以上の食料消費の動向を年齢階層別に見てみると、01年以降では特に中高年世代の米消費が激減している。従って、同時期以降の国民１人当たり平均ひいては国内全体の米消費量の減少は、中高年層が主導していることになる。特に、60代以上の米消費の減少には、同世代における16・17年までの小麦食品の消費増に加えて、肉類消費の急増が大きく影響している。

　これに対して20・30代では、小麦類消費の横ばいないし減少傾向のもとで、肉類消費では50代以上層よりもその増加率がやや低い。このことが、中高年層とは対照的に、同世代における01年以降の米消費量を横ばいないし微減に留まらせていると理解できる。

　さらに、米・小麦類消費の動向を性別に検討してみると、2000年頃以降の国内米消費量の減少傾向には、特に60代以上層の男性と40代以上層の女性の米消費減が大きく寄与している。一方、16・17年までの国内小麦食の増大傾向を牽引してきた主体は男女とも60代以上層であった。

　また、2010年頃から摂取量が増加している肉類・乳類・豆類について、細品目別に見てみると、具体的な増加品目は豚肉・鶏肉や乳製品、納豆などである。このような食物消費の多様化は、魚介類や米消費の減少と強く関係しており、その傾向が顕著な世代は米消費の減少度合いが大きい60歳以上層であった。

　以上、要約すれば、国内米消費の減少は、2010年頃までの「小食化」とそれ以降の肉類消費の増大や食料消費の多様化に起因するのだが、世代的には

60歳以上層によって主導されている。そして、同世代における米消費が大幅に減少している要因は、その肉類消費の消費増大や食料消費の多様化が顕著であり、加えて、米食と競合する小麦消費が最近まで増大傾向にあったことに求められるのである。

　但し、主に「食品摂取量」で捉えた以上の米消費及び食料消費の特徴や傾向性は、「国民健康・栄養調査」の制約⁽⁷⁾から、さらに内食・中食・外食での具体的消費形態において検証される必要がある。この点に関しては、改めて次章以降で検討しよう。

　ところで、農水省は、2018年11月に19年産米の適正生産量の決定において、直近の需要実績の傾向から算出する従来の方法を改め、将来の「1人当たり米消費量」の推計値に国内人口（推計）をかけて推定した。その算出方法に従えば、2010年代前半の1人当たり米消費の高い減少率が今後も続けば、人口減少との相乗効果により、国内全体の米消費量の減少は加速していくと予想される。その加速度は、現在の米消費量が大きい30代以下層の人口が大幅に減少し、米消費量を顕著に減らす傾向にある50代以上層の人口割合の上昇によって促進されるであろう。

　但し、その「1人当たり米消費量」の見通しにおいては、中高年世代が国内米消費の減少傾向を主導していることから、同世代における小麦主食品や肉類消費の今後の動向に注目する必要がある。すでに直近の小麦類摂取量では減少傾向の兆しが見られるように（必ずしも確定的ではないのだが）、家計収入状況や健康志向、食文化等での理由から、肉類消費についても将来的にいつまでも増大し続けるとは思われない。さらには、米飯給食世代⁽⁸⁾の現在の30代以下層までもが、パン給食世代の50・60代層と同様に、将来的に米消費を大幅に減らすかどうかも注視すべきであろう。

（注）
（1）戦後国内の食料消費構造の変化やその背景に関する概況については、時子山他［1］（第2〜4章）が参考になる。
（2）「アメリカ小麦戦略」及び「栄養改善運動」が戦後日本の食生活に与えた影響

に関しては、鈴木［2］及び藤原［3］（第4章）が詳しい。但し、このような「通説」に対して、最近になって異論が出されている。伊藤［4］は、PL480協定をめぐる日米交渉（1954〜56年）の詳しい検討から、小麦・脱脂粉乳の学校給食向け贈与は、「『アメリカ小麦戦略』でも『日米合作の食生活改造』でもなく…1950年代半ば固有の経済的諸条件のもとに意図せざる結果として形成された歴史的所産」（［4］、p.176）という。

（3）関係文献として草苅［5］がある。また、「食の外部化」と世帯構成（家族）の変化との関係については、時子山他［1］（第4章）が詳しい。

（4）「国民健康・栄養調査」の「米類（米・加工品）」には菓子を含まない。また、「小麦類（小麦・加工品）」も主にパン類やめん類、パスタ類などの主食品であり、菓子を含まないが菓子パンを含む。

（5）従って、「供給純食料（熱量）」よりも「食品摂取熱量」のほうが小さくなる。例えば、2017年の1人1日当たり料消費熱量では、前者が2,445kcalに対して後者は1,898kcalであり2割強ほど少ない。また、「食品摂取熱量」のデータは、約1万人を対象とした「食事記録法」から得ているのだが、佐々木［6］によれば回答者は摂取量を過少に申告する傾向があるという。その場合、肥満度（BMI）が高い回答者ほどその度合いが大きく、標準的な体格者でも15%くらい過少に見積もっているという（［6］ p.135〜143、276〜285）。

（6）各年の時系列で見ると、「国民健康・栄養調査」が公表している1975年以降の「食品摂取熱量」では、75年の2,188 kcalから最小値（1,840kcal）を示す2011年まで減少傾向が続く。これに対し、「食料需給表」の「1人1日当たり供給熱量」では、96年の2,670kcalまで増加傾向が続き、翌年から減少傾向に転じており、「食品摂取熱量」の推移とは異なる。その違いの要因は明白でないが、90年代半ばまでは食品ロス率の大きい外食消費（割合）が急増し、「供給熱量」の増大にも関わらず「食品摂取熱量」を低下させたかもしれない。あるいは、「食物摂取状況調査」が調査時期を11月中の「日曜日及び祝祭日を除く任意の1日」としており、休日に多い外食での食品摂取量の増大分が反映されていないとも考えられる。さらには、もともと捕捉困難な中食・外食の摂取量については、注（5）で指摘した「食事記録法」に基づく「過少申告」問題が強く影響しているのかもしれない。

（7）注（6）で指摘している「食物摂取状況調査」の問題点に加えて、「任意の1日」だけの実績調査により統計値の年次変動が大きいという問題もある。

（8）学校米飯給食は、1990年に週平均約2.5回に達するが、この時期以降に小学校に入学した世代は現在の30代半ば以下層である。

（参考文献）
［1］時子山ひろみ・荏開津典生・中嶋康博『フードシステムの経済学　第6版』

医歯薬出版、2019年
［2］鈴木猛夫『「アメリカ小麦戦略」と日本人の食生活』藤原書店、2003年
［3］藤原辰史『給食の歴史』（岩波新書）岩波書店、2018年
［4］伊藤淳史「PL480タイトルⅡをめぐる日米交渉」『農業経済研究』第92巻第 2 号、
　　2020年 9 月、165～177頁
［5］草苅　仁「コメの消費減少はどう進んでいるのか」『農業と経済』第83巻第12号、
　　2017年12月、 6 ～13頁
［6］佐々木　敏『栄養データはこう読む！』女子栄養大学出版部、2015年

第2章

米食の中食化と中食産業の成長

1　はじめに

　最近の国農政は、米主産地に対して、低価格帯の業務用米需要に対応した
産地作りを要請している。その背景には、国内主食用米市場において、家庭
用炊飯向け需要が減少しているのに対して、外食及び中食産業での業務用向
け需要が増えているという現状理解がある。但し、主食用米供給に占める業
務用米需要の比重については、大きく異なった複数の数値が公表されている。

　まず草苅［1］では、「食料需給表」（農水省）の「国民1人当たり供給純
食料」から「家計調査」（総務省）の「世帯員1人当たり精米購入量」を差
引いた数値を中食・外食用の米消費仕向け量（＝業務用米需要量）とみなし
て算出しており、2016年統計でその割合は56.4％になる。また、（公社）米
穀安定供給確保支援機構（以下は米穀支援機構と略称）「米の消費動向調査
結果」によれば、アンケート回答者の年間平均「中食・外食米消費量」の割
合は2017年で29.1％となる。さらに、農水省「業務用米実態調査結果」は、
精米加工業者の精米販売全体に占める「業務用向け」を2016／17年で39％
と提示している。そのほか全農では、算出根拠は不明だが、主食用米に占め
る業務用米の消費比率（量）を2001年度33％（282万トン）、14年度で41％（320
万トン）と推計している⁽¹⁾。

　本章では、上述の調査結果や推計の妥当性を検討し、既存の公表統計・資
料に依拠して、米消費の中食・外食化について改めて数量的に確認してみた
い。そして、中食産業の発展との関連で、近年における業務用米の需要増大
の背景事情を追究してみよう。

2 業務用の主食米需要の推計

　まず、農水省「業務用米実態調査結果」の意義と限界を指摘してみたい。同調査の「業務用向け販売量」とは、前年7月から当年6月までの1年間において、年間玄米取扱量4千トン以上の販売業者が、精米加工量のうち中食・外食産業向けに販売した数量である（その他は家庭用炊飯向け販売等）。2016年調査では、調査対象業者234社（回収率94％）で精米販売量340万トンであり、17年調査では225社（同99.6％）、同販売数量330万トンであった。そして、精米加工業者の精米販売量全体に占める「業務用向け販売量」の割合は、2015／16年に37％、2016／17年ではやや増えて39％となった[2]。

　同調査は、業務用米需要の大きさを直接把握しようとした貴重な試みではあるが、産地からの米流通ルートは精米加工業者（米穀卸売業者）経由に限らないため、上述の数値は業務用米全体のシェアを捉えていない。例えば、農水省も指摘するように、精米加工業者の「業務用向け販売量」には、「小売店等に精米販売し、その後、業務用に仕向けられたもの」は含まれていない。

　生産者からの直接仕入れも多い現在の米穀専門小売商では、消費者への直接販売は少なく、地元の給食業者や飲食店等との業務用販売が大半を占めていると思われる[3]。また、米直販量の大きい農業経営のなかには、販売先で小口の消費者直売だけでなく大口の業務用向け販売が多い傾向にある[4]。これらの供給ルートは、主食用米需要の業務用向けシェアを拡大させよう。一方、生産者からの無償譲渡米や消費者直売は、家庭内食（炊飯用米需要）を増やして業務用米シェアの数値を引き下げる。

　以上のことから、主食用米供給に占める業務用米需要全体のシェアは、業務用米流通の太いパイプである精米加工業者を対象とした農水省調査結果の数値に近いと推測はできるものの、それよりも高いのか低いのか、改めて問わざるを得ない。

　ところで、加工用仕向けを除く主食用米市場における「家庭用炊飯米」と「業務用米」の区分は、主に精米加工業者の販売先の違いに基づいており、前者は小売店を通して消費者の直接購入の対象となり、後者は二次加工の原料米として中食及び外食業者に供給される。消費者側から見れば、前者は贈答ないし購入による家庭内食として、後者は弁当・おにぎり等の中食（持ち帰り用調理済み食品）として、また、レストラン・給食等の外食で消費される。従って、産地での主食用米供給に占める業務用米の需要割合とは、加工用仕向けを除けば、消費者レベルにおける米消費の中食・外食割合そのものともいえる。

　家庭の精米消費に関する調査統計としては、米穀支援機構「米の消費動向調査結果」がある。全国の消費世帯モニター（農林漁家世帯を除く）を対象にしたインターネットによるアンケート調査であり、2011年から毎年実施しており、その調査結果を同機構のHPで公開している。調査世帯数は約２千世帯で、18年４月分の有効調査世帯数では2,182世帯になる。

　同調査結果では、各調査年の「１人１ヶ月当たり平均の精米消費量（内食・中食・外食）」を紹介している。そのさい、「中食・外食」での精米消費量は、「普通サイズのお茶碗１杯＝精米65g」として７日分の合計消費量から、１ヶ月分（30日分）の消費量を推計して算出している。同調査結果によれば、2011～17年の年間精米消費量（月平均×12ヶ月）は52.6～58.9kgの範囲で変動しており、年平均では55.6kgになり、同時期の「国民１人当たり供給純食料（菓子・穀粉を含まず）」（「食料需給表」）の数値と大きな違いはない。

　また、内食、中食、外食の精米消費量の増減傾向は明確でないため、中食・外食計の割合について、調査開始以降の７年間平均で捉えると31.3％になり、上述の農水省調査結果による精米加工業界の業務用米販売比率に比べてかなり低い。その要因としてはまず、消費者レベルでの中食・外食米消費量の直接把握には、供給側である中食・外食業者の製造過程及び販売時でのロス（特に調理食品の売れ残り廃棄）部分が考慮されていないことにある[5]。また、「普通サイズのお茶碗１杯＝精米65g」という換算方法での中食・外食消費

量の把握が、実態の捕捉度を低くしているのかもしれない。さらに、年間精米購入量が2011〜17年平均で30.6kgであり、これは「家計調査（二人以上世帯）」での同平均23.8kgを大きく上回っており、同アンケート調査の回答者が家庭内食志向の強い消費者に偏っているといえよう。

　以上の消費者に直接問う方法ではなく、草苅［１］のように、「食料需給表」と「家計調査（二人以上世帯）」を利用し、「国民１人当たり供給純食料－世帯員１人当たり精米購入量」を家庭購入以外（すなわち中食・外食）での米消費量とみなして、米消費の中食・外食割合を間接的に算出する方法がある。同方法によれば、中食・外食での米消費割合は2016年統計で56.4％になり、1995年時点においても52.7％とすでに５割を超えていたことになる。この算出値は、先述の精米加工業界に対する農水省調査結果と大きくかけ離れている。

　同方法の問題は、内食として「家庭での精米購入量」に加えて、生産者の自家消費（自家への無償譲渡）部分及び消費者への無償譲渡米が考慮されていないことにある。なお、「家計調査」（品目分類）の食料消費においては、この無償譲渡米の消費部分が捕捉されていない。そこで、「生産者の米穀等在庫調査」（農水省）が明示している「生産農家の自家消費・譲渡量」から、家庭で消費される「１人当たり無償譲渡米」を推計してみると、2017年には5.3kgとなる[6]。

　そして、この無償譲渡米と購入米の消費を合わせた「家庭での１人当たり米消費量（内食）」は同年に27.8kgとなる[7]。この算出値から、主食用米消費の「中食・外食割合」（＝１人当たり中食・外食米消費量（１人当たり供給純食料－「家庭での１人当たり米消費量」）／１人当たり供給純食料・％）を求めると46.7％になる。この数値が、主食用米供給量に対する業務用米（加工用仕向けを除く）需要全体の割合としては、実態に最も近いと考える。

3　近年は米食の中食化が進展

　上述の各算出値の推移について、1995年以降から表示すると**図2-1**のように
なる。同図から中食・外食米消費の動向を鳥瞰してみよう。

　まず、「1人当たり無償譲渡米」は、供給主体の米生産農家数の激減を反
映して、1995年の14.1kgから22年後の2017年には5.3kgに低下している。また、
無償譲渡米と購入米の消費を合わせた「家庭での1人当たり米消費量（内食）」
は、1995年の45.2kgから2017年には27.8kgへと、この22年間に△39％（17.4kg）
も減少している。

　一方、中食・外食米消費量は、同期間に20.6kgから24.4kgへと18.5％の増
大となっている。従って、主食用米消費の「中食・外食割合」は、1995年の
31.3％から2000年34.1％、05年37.1％、10年40.0％、17年46.7％へと上昇して
いる。このことから、1人当たり精米消費量（供給純食料）は、1995年

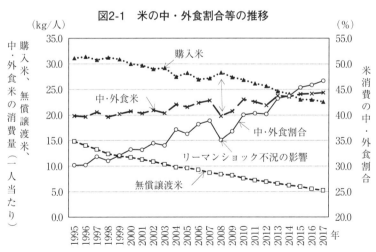

図2-1　米の中・外食割合等の推移

注）総務省「家計調査」、農水省「食料需給表」及び「生産者の米穀等在庫調査」より
　　作成。「無償譲渡米」の算出方法については本文注（6）に示す。

65.8kg、2005年59.4kg、17年52.2kg（菓子・穀粉を含まず）とほぼ一貫して減少傾向にあるのだが、その直接的な原因は、中食・外食での消費増大を大きく上回る家庭内食（購入・譲渡米）での米消費の激減にあるといえる。

　ここで、同図で中・外食米消費量の推移を時期別に詳しく見てみよう。まず、2003年までは21kg前後で推移し、04〜07年になると22〜23kgにやや増大する。その傾向は08・09年に変わり、20.2kg、21.1kgへと低下し、逆に08年の購入米（内食）は前年に比して増える。第6章で詳しく検討するように、外食は収入水準に左右されるため、この時期はリーマンショック不況が影響したと思われる。そして、中・外食米は09年以後になると再び上昇し、11年の東日本大震災で一時後退するものの、15年以降は24kg台に達している。

　その動向は、中食・外食割合に反映しており、95年から07年までは31.3％から39.6％へと緩やかな上昇傾向にあった。それが08年に35.8％へと一時低下するが、それ以後は再び上昇に転じ、17年には46.7％に至る。95年から07年の12年間で8.3％（年平均0.7％）の伸びに対して、08年から17年の9年間で10.9％（同1.2％）であり、近年になって中食・外食での米消費増加率は上昇している。

　ところで、家庭における米消費の中食・外食割合の上昇は、主に中食、外食のいずれに起因するであろうか。ここで、「家計調査（二人上世帯）」に基づいて、米消費に限定せず食料消費の中食と外食の動向について、統計上の制約から数量実績ではなく金額ベースで見てみよう。図2-2は、世帯員1人当たりの「調理食品」[(8)]、「主食的調理食品」及び「一般外食」（学校給食を除く外食）の支出額（物価調整済み）の推移について、00年の実績値を100とした場合の指数で示してある。

　まず、「一般外食」支出の水準は、リーマンショック不況や東日本大震災の影響で09〜12年に一時落ち込むが、その他の期間はほぼ横ばい状況で推移している。これに対して「調理食品」（中食）の支出は、08・09年の落ち込みと消費税率引き上げの14年に停滞した一時期を除くと上昇傾向にあり、19／00年対比では25％の増大となる。また、同じような傾向にある「主食的

図2-2　主食的調理食品等の購入支出指数（実質）の推移
（1人当たり、2000年＝100）

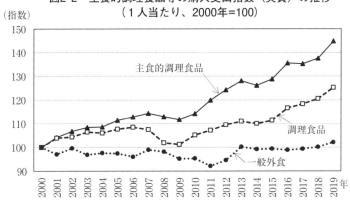

注）「家計調査（二人以上世帯）」より作成。各支出額は、2015年規準の
消費者物価指数で調整している。なお、「一般外食」とは、「外食」
から「学校給食」を除いた支出額である。

調理食品」は、「調理食品」全体の伸びを上回る状況にあり、特に11年以降
の伸長が大きく、19／00年対比では45％の増大となる。

このことから、米消費の中食・外食割合の上昇は、もっぱら中食（主食的
調理食品）の増大によって生じているといえよう。その「主食的調理食品」
の動向について、さらに品目別に詳しく検討してみよう。

まず、「主食的調理食品」支出の内訳は、「弁当」、「すし（弁当）」、「おに
ぎり・その他」（以下「おにぎり他」と略称）、「調理パン」、「他の主食的調
理食品」（以下「その他」と略称）に分類されている。このうち、「弁当」、「す
し（弁当）」、「その他」の占める割合が高く、2019年の実績値でそれぞれ
28.5％、25.2％、26.9％となる。これに対して、「おにぎり他」と「調理パン」
の割合は9.0％、10.4％と低い。

いま、図2-3で各品目の1人当たり年間購入支出額の推移を見てみよう。
「主食的調理食品」の主品目である「弁当」、「すし（弁当）」、「その他」では、
「すし（弁当）」が横ばい状況に対して「弁当」と「その他」は上昇傾向にあ
り、19／00年対比で1.43倍、1.91倍の伸びになる。他方、「おにぎり他」と「調

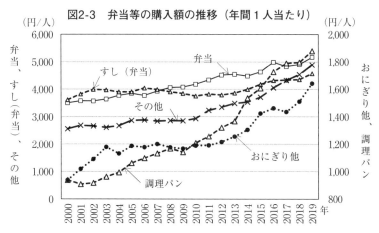

図2-3　弁当等の購入額の推移（年間１人当たり）

注）出所は前図と同じ。「おにぎり他」とは、「おにぎり・その他」であり、おにぎり、赤飯、山菜飯（冷凍を除く）が該当する。他の図も同じ。

理パン」の伸びも著しく、19／00年対比で1.75倍、2.00倍になる。「おにぎり他」の支出額は小さいことから、米消費の中食化ひいては近年の業務用主食米全体の需要増大は、特に「弁当」と「その他」の米食品によって牽引されてきたといえよう。

　なお、「その他」には、各種グラタン、ピザパイ、冷凍食品（ラザニア、焼おにぎり等）、レトルト食品（ピラフ、白がゆ等）などが含まれており、米飯関連品が多い。ここで、その米食品である加工米飯について、その動向を製造側から捉えてみよう。

　図2-4は、「食品産業動態調査」（農水省）に依拠して、加工米飯及びその主品目である無菌包装米飯と冷凍米飯の生産量の推移を2000年対比の指数で示している[9]。まず、加工米飯の全体では11年以降の伸びが大きく、19／00年の生産量対比では1.63倍に成長している。但し、品目によって大きく異なる。

　同図によれば、冷凍米飯の場合は、09年に大きく落ち込んだ以後の上昇時期（13／10年）を除けば、おおよそ横ばい状況にある。これに対して、無

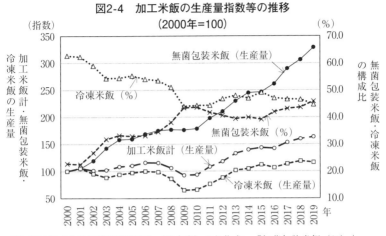

図2-4　加工米飯の生産量指数等の推移
（2000年＝100）

注）2019年「食品産業動態調査」（農水省）より作成。「無菌包装米飯（％）」、
　　「冷凍米飯（％）」とは、加工米飯計（生産量）に占める無菌包装米飯、冷凍
　　米飯の構成比である。

菌包装米飯の生産量はほぼ一貫して増大傾向にあり、特に11年以降の伸びが顕著であり、19／00年対比では3.2倍にもなる。その結果、加工米飯に占める両者の割合は大きく変化して、00年時点で62.7％占めていた冷凍米飯は09年には43.9％に低下し、逆に無菌包装米飯は同時期に22.8％から43.4％に上昇した。それ以降は、両者とも40〜45％の範囲で推移している。

　以上のことから、前掲図2-1が示す中・外食米消費量の増大傾向は、米消費の「中食化」に起因しているのだが、具体的な消費内容においては、主に弁当や無菌包装米飯の購入増大によってもたらされているといえよう。

4　中食産業の成長と業務用米需要の増大

　米消費の中食化は、加工米飯の生産量増大からも示唆されるように、米食品関連の製造・流通業界（中食産業）の成長を予想させる。その状況の把握に際して、まず、『外食産業データ集』（食の安全・安心財団）及び『惣菜白書』（日本惣菜協会）に依拠して、2000年以降の外食産業及び中食産業の動

図2-5　外食産業及び惣菜市場規模等の推移
（指数：2000年、06年＝100）

（指数）

- ─○─　外食産業（料理品小売業を除く）
- ─△─　うち飲食店
- ·····●·····　料理品小売業（弁当給食を含む）
- ----×----　惣菜市場規模（06年〜）

注）「外食産業」「うち飲食店」「料理品小売業」は『外食産業データ集』
　　（食の安全・安心財団）、「惣菜市場規模」は『惣菜白書』（日本惣菜
　　協会）に基づく。

向について概観しておこう。

　いま図2-5によって、「外食産業（料理品小売業を除く）」及びその「うち
飲食店」の場合について見てみよう。両者の市場規模は、2011年までは前者
が減少傾向、後者は緩やかな増減変動で横ばい状況にあった。それが12年以
降からは増大傾向に転じ、2018／11年対比では前者で11.8％、後者で16.8％
の増加率になる。但し、18／11年の「一般外食」の物価上昇率7.4％を差し
引くと、実質的な市場規模の伸びは一桁台に留まる。

　これに対して、「料理品小売業（弁当給食を含む）」は、08・09年にやや減
少した一時期を除けば増大基調にある。その増加率は特に14年以降に上昇し
ており、18／00年対比で約1.4倍、18／11年対比では1.25倍になる。また、
06年からの統計ではあるが『惣菜白書』の「惣菜市場規模」においても同様
の傾向にあり、18／06年対比で約1.3倍に増加している。なお、同「惣菜市
場規模」の統計は、日本標準産業分類に準じた狭義の「料理品小売業」に弁
当給食を加え、さらに「料理品小売業」では対象とされていない百貨店、ス
ーパー、コンビニの弁当・惣菜品や、除外されているサラダ、調理麺、焼き

表 2-1　中食・外食産業及び家計消費支出の精米需要額の推移

産業・業種分野＼年		実　数（億円）				指　数（2000 年＝100）			
		2000	2005	2011	2015	2000	2005	2011	2015
中食	冷凍調理食品等	139	130	150	142	100	94	108	102
	惣菜・すし・弁当	1,711	1,805	2,057	2,065	100	105	120	121
	計	1,850	1,935	2,207	2,207	100	105	119	119
外食	学校・医療等の給食	541	616	737	739	100	114	136	137
	宿泊業	701	672	503	476	100	96	72	68
	飲食サービス等	3,281	3,121	3,250	2,872	100	95	99	88
	計	4,523	4,409	4,490	4,087	100	98	99	90
家計消費支出		16,222	14,192	13,992	12,079	100	87	86	74
合　計		22,595	20,536	20,689	18,373	100	91	92	81

注）「接続産業連関表（投入表、平成 12-17-23 年）」（総務省）及び「平成 27 年延長産業連
　　関表（平成 23 年基準）」（経済産業省）より作成。なお、表中の関連産業の各項目の詳
　　細は、それぞれ「産業関連表」における以下の産業分類項目が該当している。
　　「冷凍調理食品等」：冷凍調理食品、レトルト食品／「惣菜・すし・弁当」：惣菜・すし・
　　弁当／「学校・医療等の給食」：学校給食、航空附帯サービス、公務（中央）、医療、
　　社会福祉、介護、対家計民間非営利団体／「宿泊業」：宿泊業／「飲食サービス等」：
　　飲食サービス、冠婚葬祭業

とり等を加えた推計値であり、2018年の推計による市場規模は10兆 3 千億円
になる。

　このように同図は、11年まで停滞していた外食産業よりも中食産業の市場
規模の伸びが大きいことを示している。この点は、前掲図2-2が示すように、
家計消費支出における「一般外食」の横ばい状況に対する「主食的調理食品」
の増大傾向とほぼ符合する。

　次に、中食・外食産業の精米需要の動向について、「接続産業連関表（平
成12-15-23年）」（総務省）及び「平成27年延長産業連関表（平成23年基準）」（経
済産業省）に基づいて作成した表2-1で見てみよう[10]。

　まず、中食と外食産業の精米需要額の各合計では、2015 ／ 00年の指数対
比で、中食産業の19％増に対して外食産業は△10％の減少となる。また、表
中には示していないが、中食・外食産業、家計消費支出 3 者の精米需要額合
計に対する構成比では、内食に相当する家計消費支出は同期間に71.8％から
65.8％に低下している。他方、外食産業では20.0％から22.2％への微増に対
して、中食産業は8.2％から12.0％に大きく上昇している[11]。

　このことから、米消費の中食化と符合するように、近年の業務用需要米の

増大は中食産業が牽引しているといえよう。その中食産業の精米需要総額
（2015年）の94％は「惣菜・すし・弁当」業種が占めている。また、当該業
種の精米需要額は15／00年対比で21％増というように、「主食的調理食品」
（図2-2）や「弁当」（図2-3）の購入支出額、また、加工米飯の生産量（図
2-4）の増大傾向と照応する。

5　米食の中食化はコンビニ・スーパーが先導

　ところで、米食品を含む惣菜商品（調理食品）は、近年、食料品スーパー
やコンビニエンスストア（以下、コンビニと略称）において販売伸長の著し
い品目である。上述『惣菜白書』によれば、図2-6に見るように、2008年以
降の惣菜販売額の動向において、「惣菜専門店他」が横ばい基調なのに対し
て「食料品スーパー」と「コンビニ」の成長が著しく、18／08年対比で前
者が約1.4倍、後者では約1.6倍に急増している。なお、『惣菜白書』では、「惣

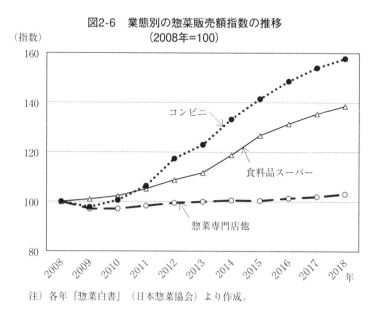

図2-6　業態別の惣菜販売額指数の推移
（2008年＝100）

注）各年『惣菜白書』（日本惣菜協会）より作成。

菜市場規模」（2017年）の約半分は「米飯類」が占めており、その「米飯類」の業態別シェアでは、惣菜専門店等40.1％、コンビニ31.8％、食料品スーパー20.3％と推計している。

特に、コンビニの惣菜販売額の顕著な増加は、近年の店舗数の拡大と密接に関連している。「商業動態統計」（経済産業省）よれば、**図2-7**に見るように、コンビニの「年末店舗数」は最近まで一貫して増加傾向にあり、00年の３万5,461店から19年には５万6,502店へと1.6倍に増えている。詳しく見ると、近年になって急増しており、11／00年の11年間で22％の増に対して、16／11年の５年間だけで30％も増加している。

そして、店舗数の拡大と併行して、弁当やおにぎり、調理パン等を含む「FF（ファーストフード）・日配食品」[(12)]の販売額も12年以降に急増している。なお、コンビニの商品販売額11兆5,034億円（2019年）のうち、同部門は40.0％を占めており、加工食品28.2％と非食品31.7％を上回る。また、同図には、「おにぎり他」と「調理パン」の家計消費支出（１人当たり）の動向も示してい

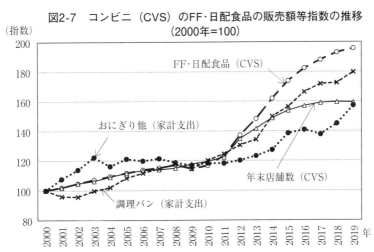

図2-7　コンビニ（CVS）のFF・日配食品の販売額等指数の推移
（2000年＝100）

注）経済産業省「商業動態統計」（2019年）及び「家計調査（二人以上世帯）」
　　より作成。「おにぎり他」「調理パン」の指数は、１人当たり購入支出額で算
　　出している。

るが、いずれも「年末店舗数」や「FF・日配食品」（販売額）と似た傾向で推移している。

　以上のように、家計消費レベルでの米食の中食化は、製造・流通業界における中食産業の成長と表裏の関係にある。とりわけ近年において、コンビニ店舗の全国的な拡大は、弁当やおにぎり、調理パン等の主食的調理食品ないし米食品の消費機会を増大させてきた。また、弁当販売では後発の食料品スーパーにおいては、利益率の高い惣菜部門の強化が営業戦略のカナメとなっており、かつて土・日中心の弁当・すし販売は平日化している。そして、家族や単身者、女性・高齢者向けの品目や価格帯、量目・包装の多様化に加えて、健康・栄養志向や祝祭日・季節対応の商品開発等で、弁当関連商品の品揃えも豊富化している。

　このことから、近年における米食「中食化」の進展は、特にコンビニや食料品スーパーにおける惣菜部門ないし主食的調理食品の販売強化によって先導されている。そのことがまた、「中食」製造（部門）業界を通して、米卸業界や米主産地に対する業務用米需要の増大をもたらしているといえよう。

　ところで、米消費の中食化は、前章で明らかにした中高年世代の米消費の減少傾向とどのように関係しているのであろうか。次章では、主食的「中食」の世帯主世代別の特徴やその動向について、「内食」や「外食」との対比で詳細に検討してみよう。

（注）
（１）農業協同組合研究会第13回研究大会（2017年４月）における神出元一氏（全農専務）の報告「全農の自己改革の取り組みについて」（関連資料）による。また、「農業協同組合新聞」2018年９月10日記事の「多様化する米のニーズ　販売チャンネルも変化」でも紹介されている。
（２）農水省「米をめぐる関係資料」（2018年３月、75〜77頁）及び「米に関するマンスリーレポート」（平成29年２月号、30年３月号）による。
（３）米穀支援機構「米の消費動向調査結果」によれば、消費者の「精米購入・入手先別の購入数量」では、「米穀専門店」のシェアは2017年度で3.6％にすぎない。また、「米の購入先」では、1997年度に19％（農水省「食糧モニター調査」

結果）であったのが2017年度では3％（複数回答、同上「米の消費動向調査結果」）と激減している。但し、「商業統計」によれば、「米穀類小売業」の2016年の事業所数及び年間販売額は、1997年実績のそれぞれ34％、20％に留まっている。このことから、米穀専門店の主な販売先は、この間に個人消費者から飲食店等の事業者に大きくシフトしたと推測される。

（4）日本農業法人協会の会員の中で、米の直接販売を行う170法人に対するアンケート調査結果によれば、直接販売先として「弁当や炊飯業者等への実需者」とする回答割合が直接販売量60トン未満の法人では49％であったのに対して、60トン以上では77％であった。（農水省「米に関するマンスリーレポート」（平成29年9月号）における「農業法人等におけるコメの直接販売の状況」にもとづく）

（5）（一社）日本惣菜協会の会員製造企業に対するアンケート調査（回答87社、調査期間2018年1〜3月）によれば、販売ロス率は単品型（米飯以外の製品カテゴリーで50％以上）の業種で7.4％、米飯型（米飯カテゴリーで50％以上）で3.3％、総合型（1製品カテゴリーで50％以上を占めるものがない）では11.6％であった（同協会『惣菜白書―拡大編集版―』2018年版、207頁による）。

（6）「生産農家の自家消費・譲渡量」は「生産者の米穀等在庫調査」（玄米単位）から得られるが、精米換算のために0.9を掛けた。また、同調査結果は、2009米穀年度までは米生産者の全体数量を明示してあったが、10米穀年度以降は1戸当たり数値でしか公表していない。そこで、これに農林業センサスの「稲（食用）を作った経営体数」を掛け合わせて「生産農家の自家消費（飯用）・譲渡量」（うるち米・もち米合計）とする。但し、2011年〜14年及び16年の「稲（食用）を作った経営体数」は、2010年次と15年次センサスから求めた年間平均減少経営体数60,323戸を適用して推計した。そして、「国民1人当たり無償譲渡米の消費量」は、「国民1人当たり供給純食料」×（「生産農家の自家消費・譲渡量」／主食用米の供給純食料）で算出した。

　　なお、2018年からの「生産者の米穀在庫等調査」は、「販売農家」から「経営体」に変更して「組織経営体」を追加したため、17年以前の統計との連続性を欠くことになった。

（7）消費者家庭で購入する贈答用米は、結果的に寄贈先世帯で無償譲渡米として消費（内食）されるため、「贈答用購入＝内食」として理解して良い。

（8）「家計調査」における「調理食品」は、「工業的加工以外の一般的に家庭や飲食店で行うような調理の全部又は一部を行った食品」に加えて、「冷凍調理食品、レトルト食品及び複数素材を調理したもの」も含めている。

（9）「加工米飯」には、無菌包装米飯と冷凍米飯の他に、レトルト・チルド・缶詰・乾燥の各米飯がある。但し、無菌包装米飯と冷凍米飯だけでその生産量（2019年）は、「加工米飯」全体の90.4％を占める。

(10)鎌田〔2〕（56〜57頁）は、総務省及び経済産業省の産業連関表を利用して、1990年から2005年までの外食・中食産業の精米需要の動向を検討している。

(11)表2-1によれば、精米需要の中食・外食向け比率は2015年で34.2％となる。この金額ベースの算出値は、図2-1で示す同年の中食・外食比率43.7％（数量ベース）に対して約10％も低い。その要因は、家庭炊飯用向けに対して業務用向けの精米単価が低いことにあると考える。2016年産の場合、全銘柄平均価格（玄米出荷価格）14,307円／60kgに対して、産地の業務用向けの価格帯別販売量では14,000円未満が7割を占めている（精米加工業者に対する農水省調べによる）。

(12)「FF・日配食品」には、米飯類（寿司、弁当、おにぎり等）やパン・調理パン、総菜、調理麺などが含まれる。

（参考文献）

〔1〕草苅　仁「コメの消費減少はどう進んでいるのか」『農業と経済』第83巻第12号、2017年12月、6〜13頁

〔2〕鎌田　譲「外食・中食産業の動向と米需要」『農経論叢』（北海道大学）第65巻、2010年3月、55〜60頁

第3章

世代間で異なる主食的消費の中食化

1 はじめに

　第1章では、「国民健康・栄養調査」の「1人当たり食品摂取量」の動向分析から、米消費の世代別特徴として次の点を明らかにした。まず、2001年以降では特に中高年世代の米消費量が激減しており、その変化には代替関係にある小麦主食品の消費増大に加えて、近年では肉類消費の急増も影響している。これに対して20・30代では、小麦食消費の横ばい傾向のもとで肉類消費の増加率も低いことが、中高年層とは対照的に米消費量を横ばいないし微減に留まらせている、ということであった。

　「食品摂取量」で捉えたこのような米消費の世代別特徴は、家庭内外での具体的消費形態においてどのように確認できるであろうか。これまで、米消費に関連して、世帯レベルでの中食・外食化の具体的様相やその動向について詳しく検討した研究は見当たらない。本章では、総務省「家計調査」による食料支出統計に依拠し、世帯主年齢階層別の世帯属性との関連において、内食・中食・外食における米消費の動向や特徴を捉えてみよう。

　そのさい、「家計調査」での検討は、人口構成の大半を占める「二人以上世帯」（品目分類）を対象とする。いま、**表3-1**に示す世帯員数や年齢構成、有業人員等によれば、2019年での世帯主年齢階層別の世帯属性は、おおよそ下記のように特徴づけられる。

　　　29歳以下…乳幼児が1人で、夫婦共稼ぎないし妻が家事専従

　　　30代…主に小中学生がおよそ2人で、夫婦共稼ぎないし妻が家事専従

　　　40代…主に中学・高校生が1〜2人で、主に夫婦共稼ぎ

50代…同居子弟が1人で、主に夫婦共稼ぎ

　　60代…同居子弟1人ないし不在で、主に妻が家事専従

　　70歳以上…主に夫婦2人の年金生活者

　同表で、「配偶女性有業率」及び「有業人員」について19／00年対比で見ると、世帯主29歳以下及び30代で顕著に上昇・増大しており、共稼ぎは主に両世代で増えている。また、食料消費の特徴として、世帯員1人当たり食料支出額では世帯主の年齢階層に比例して中高年世帯ほど大きく、60代以上層世帯のエンゲル係数の高さに反映している。そして、19／00年対比では、世帯主50代以下層の食料支出はおおよそ横這いなのに対して、60代・70歳以上では増大しており、世帯主年齢階層間の格差が拡大している。

　なお、世帯主29歳以下の世帯では乳幼児を含むため、その世帯員1人当たり実数値が他の世帯主年齢階層に比べて低くなる傾向をもつ。また、時系列で対比する場合は、各世帯主年齢階層において世帯員数や年齢構成、有業人員に若干の変動があり、それぞれの食料支出等への影響についても留意する

表3-1　世帯主年齢階層別の世帯属性
（二人以上世帯、2000年・19年）

	属性＼年齢階層	29歳以下	30〜39歳	40〜49歳	50〜59歳	60〜69歳	70歳以上
2000年	世帯人員（人）	2.97	3.64	4.08	3.40	2.76	2.45
	うち18歳未満（人）	0.95	1.53	1.56	0.32	0.13	0.11
	うち65歳以上（人）	0.02	0.09	0.30	0.26	0.73	1.85
	うち有業人員（人）	1.33	1.37	1.67	2.11	1.34	0.68
	配偶女性有業率（％）	28.3	32.2	51.0	50.7	29.6	12.2
	エンゲル係数	20.4	23.8	25.1	24.5	27.8	29.7
	食料支出（百円／人）	2,105	2,261	2,629	3,178	3,630	3,490
	（29歳以下＝100）	100	107	125	151	172	166
2019年	世帯人員（人）	3.15	3.74	3.69	3.16	2.62	2.39
	うち18歳未満（人）	1.18	1.73	1.47	0.45	0.07	0.05
	うち65歳以上（人）	0.02	0.03	0.10	0.16	0.94	1.86
	うち有業人員（人）	1.48	1.55	1.69	1.94	1.46	0.63
	配偶女性有業率（％）	40.6	52.6	59.3	57.0	37.9	11.7
	エンゲル係数	24.9	25.2	24.9	24.2	29.2	31.7
	食料支出（百円／人）	2,088	2,310	2,692	3,249	3,917	3,838
	（29歳以下＝100）	100	111	129	156	188	184

注）総務省「家計調査（二人以上世帯）」より作成。以下の図表も同じ。「配偶女性有業率」とは、「世帯主の配偶者のうち女の有業率」（「用途分類」に記載）である。

必要がある。

　以上の世帯属性を念頭に置きながら、最初に、米消費における内食・中食・外食の比重について世帯主年齢階層間の特徴を捉えてみよう。

2　中高年世帯の中食で米食が急増

　いま、2019年の食料消費支出の品目別構成比を表3-2で見てみると、「内食」に供する「米」の購入割合では、「肉類・野菜等（内食）」と同様に世帯主年齢階層におおよそ比例して中高年世帯ほど高い。これに対して、「中食」である「調理食品」、うち「主食的調理食品」（米、麺類、パン類、餅類を含む調理食品）(1)及び「米食品」（弁当、すし（弁当）、おにぎり他）では、29歳以下でやや高いものの、その世帯主年齢階層間の格差は小さい。

　そして、「外食」(2)及び「食事代」（主食的外食）の構成比では、米購入の場合とは反対に世帯主年齢階層に逆比例し、両者とも世帯主29歳以下は70歳以上の２倍以上の大きさである。その「外食」の比重が「中食・外食比」

表 3-2　世帯主年齢階層別の食料消費支出の構成 （2019 年）

(%)

＼世帯主年齢階層	平　均	29 歳以下	30〜39 歳	40〜49 歳	50〜59 歳	60〜69 歳	70 歳以上
食料消費支出計	100.0	100.0	100.0	100.0	100.0	100.0	100.0
穀　類 （内食）	8.1	7.0	8.0	8.3	8.0	7.9	8.2
うち米	2.4	1.5	1.9	2.2	2.3	2.4	2.8
肉類・野菜等 （内食）	41.0	31.5	33.2	35.3	38.0	42.6	48.0
菓子・飲料・酒類	19.3	20.2	20.4	20.1	19.4	19.8	17.9
調理食品 （中食）	13.3	14.1	12.4	12.9	13.8	13.4	13.4
うち主食的調理食品	5.6	6.2	5.3	5.6	5.7	5.7	5.5
うち米食品	3.5	3.7	3.0	3.2	3.5	3.7	3.7
外　食	18.3	27.2	26.0	23.5	20.7	16.2	12.4
うち食事代	14.4	21.7	19.2	17.0	16.5	13.4	10.4
（中食・外食比）	31.6	41.3	38.4	36.3	34.5	29.6	25.8

注）「肉類・野菜等」とは、魚介類、肉類、乳卵類、野菜・海藻、果物、油脂・調味料をいう。また、「米食品」とは、弁当、すし（弁当）、おにぎり・その他をいう。「食事代」は、「外食」から喫茶代、飲酒代、学校給食を除いた支出である。「中食・外食比」は「調理食品」と「外食」割合の合計である。なお、「食料消費支出計」はラウンドにより合計値と一致しない。

表 3-3　世帯員 1 人当たりの米購入等支出指数の推移
（世帯主年齢階層別、2000 年=100）

	年	平均	29 歳以下	30～39 歳	40～49 歳	50～59 歳	60～69 歳	70 歳以上
米購入	2000	100	100	100	100	100	100	100
	2005	85	78	79	80	75	87	89
	2010	76	66	69	76	65	71	80
	2015	63	48	54	54	53	54	65
	2019	64	50	61	60	55	55	63
調理食品	2000	100	100	100	100	100	100	100
	2005	106	98	95	103	109	103	110
	2010	107	89	93	98	109	112	112
	2015	124	95	98	103	126	132	127
	2019	144	122	115	118	143	157	149
米食品	2000	100	100	100	100	100	100	100
	2005	111	104	104	106	113	105	115
	2010	113	90	102	107	111	115	114
	2015	127	93	103	106	121	133	129
	2019	141	113	109	118	134	150	146
外食	2000	100	100	100	100	100	100	100
	2005	97	99	101	103	92	92	105
	2010	99	95	101	107	95	96	105
	2015	107	98	109	117	111	103	112
	2019	114	107	114	123	124	111	116

注）各指数は、2000 年の購入支出額を 100 とした相対値である。

の高さに反映しており、70歳以上の25.8％に対して29歳以下は41.3％という
ように、若い世帯ほど「食の外部化」が深化している。

　次に、2000年以降の動向について表3-3で見てみよう。同表は、米、調理
食品、外食等の世帯員 1 人当たり支出について、00年対比の指数で主に 5 年
おきの推移を示している。

　まず、「米購入」（内食）の支出は、全ての世帯主年齢階層で19年実績が00
年の 5 ～ 6 割強に激減している。但し詳しく見ると、19／15年の直近では、
70歳以上を除く多くの年齢階層で減少傾向から増大に転じている。その最近
の変化には、米価の上昇が影響していると推察される。米価は15年産から上
昇基調にあり、農水省「米に関するマンスリーレポート」が公表している小
売価格（POSデータ平均価格の月別平均）では、19／15年対比で約10％上

昇している。直近の動向に関しては、後述の購入量ベースでも確認してみよう。

　また、「米食品」（中食）の場合では、世帯主29歳以下では2010年まで減少傾向にあったのが同年以降に増大へ転じている。そして、30・40代では横這いないし微増傾向にあり、50代以上層では増大傾向が顕著になる。特に、60代・70歳以上の高齢者世帯では、19／00年対比の指数で150、146と激増している。なお、家事労働評価を無視すれば、食材購入（家庭調理）による内食に比べて中食（調理食品購入）の食事単価は一般に高くなる。従って、中高年世帯における中食化の顕著な進展は、前掲**表3-1**で確認したように、同世帯の１人当たり食料消費支出やエンゲル係数の上昇に寄与していると推察される。

　ところで、同表によれば、「米食品」の世帯主年齢階層別の特徴は、「調理食品」（中食）全体の傾向を反映していることが分かる。そして、注目すべき点は、「調理食品」の支出が大きく増大した世帯は、夫婦共稼ぎが顕著に増えた世帯主29歳以下・30代の世帯ではなくて、50代以上の中高年世帯だということである。19／00年対比で見ると、世帯主40代以下層では９～18％の微増に対して、50代以上層では43～57％増と大きい。

　さらに、「外食」の動向では、「平均」において05年以降、上昇傾向にあるが、他品目よりもその変動幅は小さく、世代間世帯格差も小さい。また、前掲**表3-2**で指摘したように、食料消費支出に占める「食事代」の割合は世帯主年齢階層に逆比例しており、70歳以上は29歳以下の２分の１弱にすぎない。従って、中高年世帯においては、外食での米消費は若い世帯に比べてもとより少ないといえる。

　以上のように、2000年以降、世帯主全世代的に米購入（内食）は激減し、外食はおおよそ微増に留まっているのだが、中食では中高年世帯において、特に2010年頃から米食（米食品購入）が激増しているのである。

3　中高年世帯の内食は米食からパン食へ

　ところで、米消費の減少は、一方で他品目の消費増大を予想させる。そこで、競合品目との対比で米消費の特徴を捉えてみよう。

　まず、「内食」では、消費量の大きさを端的に示す購入量（１人当たり）ベースで見てみる。いま**表3-4**で、穀類主要３品目（米・パン・麺類）に関して、世帯主年齢階層別の購入実績（2019年）を比較すると、「穀類計」では世帯主年齢階層に比例して大きな格差があり、世帯主70歳以上は29歳以下世帯の2.1倍になる。その特徴は、３品目いずれでもほぼ同様に見られる。

　但し、世帯主年齢階層間の購入量格差が最も大きい品目は「米」であり、29歳以下と70歳以上とでは3.2倍の開きがある。これに対して、「パン」「麺類」では1.8倍、1.3倍に留まる。従って、品目別の「構成割合」では、「米」の場合は世帯主年齢階層に比例して高く、50代以上層では４割以上を占める。こ

表 3-4　世帯員１人当たり年間の穀類品目別購入量等
（世帯主年齢階層別、2019 年）

	品　目	29 歳以下	30〜39 歳	40〜49 歳	50〜59 歳	60〜69 歳	70 歳以上
購入量 （kg／人）	穀類計	29.4	35.6	43.1	48.2	59.2	61.2
	米	8.7	12.0	16.0	20.0	25.8	28.0
	パ　ン	9.8	12.3	14.4	15.2	16.9	17.8
	麺　類	9.2	9.2	10.2	10.6	13.2	12.1
	その他	1.8	2.2	2.4	2.6	3.2	3.4
指数 （29 歳以下=100）	穀類計	100	121	147	164	201	208
	米	100	137	184	229	296	321
	パ　ン	100	126	148	155	174	182
	麺　類	100	101	112	116	144	132
	その他	100	124	138	145	183	191
構成割合 （％）	穀類計	100.0	100.0	100.0	100.0	100.0	100.0
	米	29.7	33.6	37.2	41.4	43.6	45.7
	パ　ン	33.2	34.5	33.5	31.4	28.6	29.0
	麺　類	31.2	25.9	23.7	21.9	22.3	19.8
	その他	6.0	6.1	5.6	5.3	5.4	5.5

注）「麺類」にはそばを含む。また、「指数」は 29 歳以下の購入量を 100 とした相対値である。なお、「購入量」の「穀類計」及び「構成割合」の各項目は、ラウンドにより表記上の計算値と合致しない。

れに対し、パン・麺類では年齢階層と逆比例し、世帯主40代以下層では「パン」の割合が約3の1を占め、うち29歳以下・30代では「米」の割合を上回る。また、「麺類」では29歳以下で約31％と高いが、他の年齢階層でも約20〜26％と世代間の格差は小さい。

なお、支出額ベースでは、全世代層で「パン」の割合が「米」を大きく上回っており、全世代平均では「米」29.6％に対して「パン」は41.0％を占める。

ここで表3-5により、穀類3品目の1人当たり購入量に関して、2000年以降の動向を主に5年おきの推移（指数）で見てみよう。

まず、「米」の購入量は世帯主全年齢階層で減少しており、19／00年対比で見ると70歳以上を除いてその減少幅が大きい。そして、19／15年の直近では、減少程度は15／10年に比べて鈍化しつつも全世代層で減少傾向が続いている。このことから、前掲表3-3の購入支出額ベースで見られた同時期の横ばいないし増大傾向は、改めて最近の米価上昇を反映していると理解できる。

また、「パン」の場合では、世帯主29歳以下では05／00年で27％増である

表3-5　穀類3品目の世帯員1人当たり購入量指数の推移
（世帯主年齢階層別、2000 年=100）

	年	平均	29歳以下	30〜39歳	40〜49歳	50〜59歳	60〜69歳	70歳以上
米	2000	100	100	100	100	100	100	100
	2005	94	82	87	88	83	96	101
	2010	90	76	79	89	77	83	98
	2015	77	59	67	67	68	67	81
	2019	70	54	65	64	59	62	71
パン	2000	100	100	100	100	100	100	100
	2005	117	127	114	119	118	125	119
	2010	123	113	115	123	122	138	130
	2015	127	109	115	120	129	140	137
	2019	130	101	108	121	130	145	149
麺類	2000	100	100	100	100	100	100	100
	2005	108	115	102	105	109	111	109
	2010	114	99	108	108	111	120	118
	2015	109	108	100	98	110	116	112
	2019	106	102	99	94	99	117	113

注）各指数は、2000 年の購入量を100 とした相対値である。

が、それ以降はおおよそ減少傾向にある。そして、30代では05年以降、40代では10年以降に横這い傾向に変わる。これに対して、50代以上層はほぼ一貫して増大傾向にあり、特に60代・70歳以上世帯ではその増大幅も大きく、19／00年対比で両者とも1.5倍弱になる。

さらに、「麺類」では、「米」「パン」に比べて各年齢階層ともその変動幅が小さく、世帯主年齢階層間の格差も小さい。単純に19／00年で比較すれば、40代で△6％の減少に対し、60代・70歳以上では17％・13％の増、他の階層ではほぼ横ばいとなっている。

以上のように、世帯主40代以下層に比べて中高年世帯では、穀類購入量に占める米の比重が高くパンは低いのだが、近年の傾向としてはパンの購入量が激増している。特に世帯主60代の場合では、同表には示していないが、19／00年対比で米の購入割合は61.3％から43.6％へと大幅に低下したのに対し、パンでは逆に17.2％から28.6％に上昇している。要するに、中高年世帯での米購入（内食）の減少には、中食化に加えて、競合するパン購入の増大も強く影響している。

4　主食的「中食」の多様化

次に、米消費の「中食」に関連して、主食的調理食品の品目別購入支出における世帯主年齢階層間の特徴を表3-6で捉えてみよう。

同表によれば、「主食品計」の支出額（１人当たり）では、29歳以下・30代＜40代＜50代＜70歳以上＜60代という、世帯主年齢階層におおよそ比例した世帯間格差がある。その特徴は、「弁当」と並んで高単価である「すし（弁当）」の購入割合の高さを反映している。同品目の支出額は、世帯主29歳以下に比べて50代はその2.1倍、60代・70歳以上では3.2倍、3.6倍の大きさになる。これは、後述の外食と同様に、中高年世帯では「すし」の嗜好が強いことを端的に示している[3]。

また、「弁当」では、30代の支出額が他の世帯主年齢階層に比べて最も低く、

表 3-6　主食的調理食品の品目別購入支出額等
（世帯主年齢階層別、1 人当たり、2019 年）

	品　目	29 歳 以下	30〜 39 歳	40〜 49 歳	50〜 59 歳	60〜 69 歳	70 歳 以上
支出額 （円/人）	主食品計	12,846	12,303	14,971	18,518	22,360	21,079
	弁　当	4,309	3,614	4,510	5,521	6,320	5,527
	すし（弁当）	1,971	1,910	2,554	4,161	6,293	7,014
	おにぎり他	1,450	1,503	1,589	1,588	1,748	1,743
	調理パン	1,406	1,517	1,772	2,146	2,270	1,705
	その他	3,710	3,759	4,545	5,102	5,729	5,090
指数 （29 歳以 下＝100）	主食品計	100	96	117	144	174	164
	弁　当	100	84	105	128	147	128
	すし（弁当）	100	97	130	211	319	356
	おにぎり他	100	104	110	110	121	120
	調理パン	100	108	126	153	161	121
	その他	100	101	123	138	154	137
構成比 （%）	主食品計	100.0	100.0	100.0	100.0	100.0	100.0
	弁　当	33.5	29.4	30.1	29.8	28.3	26.2
	すし（弁当）	15.3	15.5	17.1	22.5	28.1	33.3
	おにぎり他	11.3	12.2	10.6	8.6	7.8	8.3
	調理パン	10.9	12.3	11.8	11.6	10.2	8.1
	その他	28.9	30.6	30.4	27.6	25.6	24.1

注）各年齢階層の「指数」は、29 歳以下の支出額を 100 とした相対値である。なお、「おに
　　ぎり他」とは、「おにぎり・その他」をいう（以下の表も同じ）。「支出額」及び「構成比」
　　の「主食品計」は、ラウンドにより表記上の計算値と合致しない。

当該世帯に学校給食世代の小中学生が居るためと思われる。「調理パン」（サ
ンドイッチ、ハンバーガー等）では、50・60代の支出額が突出しており、世
帯主29歳以下の1.5、1.6倍になる。「その他」では、29歳以下と30代の支出額
が小さく、40代以上層では両世帯の1.2〜1.5倍ほどの大きさになる。これら
に対して、「おにぎり他」では、60代以上層の支出がやや大きいが、世帯主
年齢階層間の格差は小さい。

　次に、各品目の「構成比」に着目すると、まず「弁当」では、世帯主29歳
以下の33.5％と70歳以上の26.2％との間で大きな格差がある。これに対し、「す
し（弁当）」の構成比は購入支出額と同様に世帯主年齢階層に比例して上昇
しており、29歳以下の15.3％に対して70歳以上では33.3％と顕著に高い。そ
れ以外の品目では世帯主年齢階層間の格差は小さく、「おにぎり他」では30
代以下層、「調理パン」では30〜50代層、「その他」では30・40代の世帯でや

表 3-7　主食的調理食品の品目別購入支出指数の推移
(世帯主年齢階層別、1人当たり、2000年=100)

	年	平均	29歳以下	30~39歳	40~49歳	50~59歳	60~69歳	70歳以上
弁当	2000	100	100	100	100	100	100	100
	2005	110	97	108	111	113	107	110
	2010	119	87	110	125	125	124	116
	2015	132	86	101	119	144	153	141
	2019	148	102	102	134	159	174	164
すし(弁当)	2000	100	100	100	100	100	100	100
	2005	108	115	92	94	107	103	115
	2010	104	87	80	79	96	110	109
	2015	116	89	84	80	93	119	119
	2019	127	121	92	84	102	130	132
おにぎり他	2000	100	100	100	100	100	100	100
	2005	126	116	119	129	137	109	131
	2010	127	106	123	133	129	109	127
	2015	152	134	160	150	162	131	139
	2019	175	147	175	177	191	158	154
調理パン	2000	100	100	100	100	100	100	100
	2005	113	106	110	113	128	107	109
	2010	129	92	112	119	148	148	133
	2015	171	139	148	143	199	211	183
	2019	200	150	159	167	235	271	208
その他	2000	100	100	100	100	100	100	100
	2005	112	102	101	108	120	118	120
	2010	115	86	96	98	132	138	130
	2015	145	104	113	118	164	184	168
	2019	191	149	151	152	201	258	228

注) 各指数は、2000年の購入支出を100とした相対値である。

や高いという特徴に留まる。

　なお、「その他」に、米食関連の主食的調理食品がどの程度含むかは不明である[4]。仮に半分程度と見なした場合、主食的調理食品（中食）の内訳において、いずれの世帯主年齢階層においても米食関連品目の購入支出がおよそ7〜8割を占めることになる。

　ここで、各品目について、2000年以降の主に5年おきの動向（指数）を表3-7で見てみよう。

　まず、「弁当」の支出動向では、世帯主40代以下層の傾向が増減の変動で判然としないのに対し、50代以上層の世帯では近年に急増しており、19／

00年対比では約1.6〜1.7倍強になる。また、「すし（弁当）」では、他の品目に比して世代間格差は小さい。但し、50代以下層及び70歳以上では、概ね10年までの減少・横ばいから15年以降に増大へ転じており、60代のみが一貫して増大傾向にある。

　「おにぎり他」は、15／10年に世帯主全年齢階層で大きく増大しており、19／00年対比では30〜50代層世帯で約1.8〜1.9倍と増加度が特に大きい。同様に、「調理パン」及び「その他」も似た傾向を示しているが、「おにぎり他」の場合とは異なって50代以上層が激増しており、19／00年対比で「調理パン」は約2.1〜2.7倍であり、「その他」では約2.0〜2.6倍と顕著である。

　以上のように、先に前掲**表3-3**で中高年世帯が中食化を牽引していると指摘したが、その主な品目としては、主食的調理食品では「調理パン」と「その他」であり、米食品の中では「弁当」である。その結果、「すし」の比重は低下しており、世帯主60代の場合では、主食的調理食品に占める「すし（弁当）」の購入支出割合は、19／00年対比で38.2％から28.1％に低下している。

　また、「その他」には、焼おにぎり等の冷凍食品や各種ピラフ等のレトルト食品、各種グラタン、ピザパイ等を含んでいる。従って、「その他」が急増している中高年世帯では、主食的「中食」の多様化が近年になって著しく進展しているといえよう。

5　若年世帯は外食で米食が増大

　最後に、外食での世代別消費の特徴や米食嗜好の傾向性を捉えてみよう。

　「家計調査」の「外食」項目は、「一般外食」（食事代、喫茶代、飲酒代）と「学校給食」に区分されている。このうち、主食的外食に該当する主な項目は「食事代」と「学校給食」である。いま、2019年の外食内訳を示した**表3-8**によれば、「食事代」と「学校給食」を合わせた対外食費割合は82.7〜86.0％の範囲内にあり、世帯主世代間格差が小さい。その中で、「学校給食」に着目すれば、その比重が高い世帯は小中学生を抱える世帯主30・40代世帯

表 3-8　外食・食事代の内訳（世帯主年齢階層別、2019 年）

(%)

構成比	29 歳以下	30～39 歳	40～49 歳	50～59 歳	60～69 歳	70 歳以上
外食／食費支出	27.2	26.0	23.5	20.7	16.2	12.4
学校給食／外食	3.1	11.4	13.4	3.7	0.4	0.3
食 事 代／外食	79.6	73.7	72.6	79.7	82.9	83.4
食 事 代	100.0	100.0	100.0	100.0	100.0	100.0
中華そば等麺類	12.4	12.4	11.9	11.2	11.8	11.8
す し・和食	24.8	24.8	23.4	24.8	29.2	33.1
洋食・焼肉	15.2	14.7	15.4	15.3	13.2	10.8
中 華 食	3.1	2.9	3.2	3.5	4.1	3.6
ハンバーガー	5.7	5.9	4.9	3.1	1.9	1.4
他の主食的外食	38.8	39.3	41.2	42.0	39.7	39.3

注）「中華そば等麺類」は「日本そば・うどん」「中華そば」「他の麺類外食」の合計値、「すし・和食」は「すし（外食）」「和食」の合計値、「洋食・焼肉」は「洋食」「焼肉」の合計値を示す。

であり、対外食費の支出割合で11.4％、13.4％を占める。

　また、支出割合の大きい「食事代」の内訳[5]から、年齢階層間の品目（メニュー）別消費の特徴を探ってみよう。まず、世代間格差が大きい品目は、「すし・和食」「洋食・焼肉」「ハンバーガー（ファーストフード店）」に限られる。このうち「すし・和食」は、各世代とも最も大きな割合を占めているが、特に60代以上世帯で3割前後と高い。対照的に、同世代の「洋食・焼肉」と「ハンバーガー」の支出割合は低い。

　ここで、特に「すし・和食」に関して、その「食事代」に占める支出割合の変化を辿ってみよう。2000年以降の主に5年おきの動向を表した図3-1によれば、世帯主50代以上の中高年世帯では明らかに低下傾向にある。特に70歳以上では、00年の42.1％から19年には33.1％へと大幅に低下している。これに対して、40代ではほぼ不変であり、29歳以下・30代では2010年から逆に上昇傾向に変わっている。特に29歳以下では、19／10年対比で19.3％から24.8％へと大きく上昇している。このように、「すし・和食」支出割合の世帯主世代間格差は近年において縮小傾向にある。

　同様に、「洋食・焼肉」の動向について図3-2で見てみると、2010年までは全世代的にその支出割合は上昇傾向にあった。その後、世帯主29歳以下・

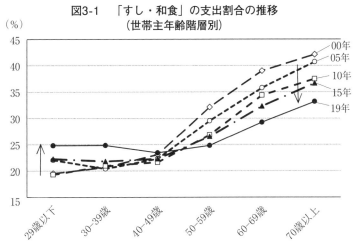

図3-1　「すし・和食」の支出割合の推移
（世帯主年齢階層別）

注）「支出割合」とは、「食事代」に占める「すし・和食」の支出割合をいう。
　　次図も同様である。

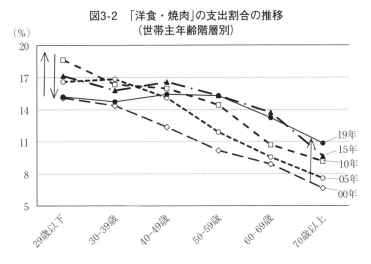

図3-2　「洋食・焼肉」の支出割合の推移
（世帯主年齢階層別）

30代では10年以降、40代は15年以降に低下傾向に転じて、50・60代 は同年以降でほぼ横ばい、70歳以上では上昇傾向が続いている。19／00年対比で見れば、50代以上層の増大が顕著であり、50代では10.2％から15.3％（1.5倍）、60代では8.9％から13.2％（同）、70歳以上では6.6％から10.8％（1.6倍）に上

昇している。その結果、「洋食・焼肉」についても世帯主世代間格差は縮小傾向にある。この「洋食・焼肉」の外食動向は、第1章で検討した「肉類」の世代別摂取熱量の動向と整合的である。「肉類」の摂取熱量の増加度は、第1章の**表1-2**で指摘したように、18／01年対比で40歳代以下（指数133～145）よりも50歳代以上層（同159～170）が大きい。

　以上のことから、「すし・和食」の比重が外食での米食嗜好度を示していると仮定すれば、米食嗜好は世帯主60代以上層で大きいといえる。これは、前掲**表3-2**で見た同世代での食料費に占める米購入支出割合の高さと符合する。但し、2000年以降の「すし・和食」と「洋食・焼肉」の動向から、主食的外食では若い世帯で米食嗜好回帰の兆しがあるのに対して、中高年世帯では内食と同様に「米食離れ」が進行しているように見える。

　ところで、「家計調査」の世帯主20代と30代の世帯には、乳幼児や小中学生の世帯員を含むので、その世帯員1人当たり平均値と「国民健康・栄養調査」の20代・30代の個人実数値とを直接対比できない。但し、第1章の**図1-3**「米類の年齢階層別摂取量」では図示していないのだが、1-6歳（乳幼児）及び7-14歳（小中学生）の米類摂取量は、10代後半及び20・30代の動向と似て01年以降ほぼ横ばい状況にある [6]。従って、2000年以降の動向において、「家計調査」で把握できる世帯主20・30代の世帯員1人当たりの米消費支出状況は、「国民健康・栄養調査」で捉えられる20代・30代の米消費の横ばいないし微減傾向とほぼ同様と見なして良いであろう。

　振り返って、前掲**表3-3**の米・米食品等購入支出の動向で見るように、世帯主29歳以下・30代では、19／00年対比で米購入は他の世代と同様に激減しているのに対し、米食品及び外食の支出では横ばいないし微増に留まっている。上述のように、00年以降で両世帯の米消費が横ばいないし微減傾向にあるとしたら、内食（購入）での米食激減は、19／15年での中食増大に加えて、外食比の高い同世帯では外食での米食増大が相殺していることになる。この点は、世帯主20歳以下・30代において、前掲**図3-1**が示す「食事代」（主食的外食）に占める「すし・和食」の支出割合の上昇と符合する。要するに、

世帯主30代以下の若い世帯では、特に外食で米食が増えていると推察される
のである。

6　まとめ―米食の中食化は中高年世帯が主導―

これまでの検討結果から、米消費形態の世帯主世代別特徴に関して以下の
ようなことが指摘できる。

まず、穀類購入（内食）において、世帯主50代以上の中高年世帯では、40
代以下層に比べて米の購入割合が高くてパンは低いのだが、2000年以降の動
向では、米購入の減少の一方でパンの購入が激増している。また、同世帯の
中食（調理食品）及び中食比は増大・上昇しているのだが、主食的調理食品
のうち「米食品」よりも「調理パン」「その他」の増大が顕著である。そして、
外食においては「すし・和食」の支出割合が低下傾向にある。

このことから、中高年世帯では主食全体に占める米食の減少度合いが大き
く、そこには代替関係にある「パン」「調理パン」の購入増大が影響してい
ると指摘できる。この点は、第1章で明らかにした「国民健康・栄養調査」
における中高年世代の1人当たり「米類摂取量」の激減や「小麦類摂取量」
の増大傾向と符合する。そして、中高年「世帯」の食料消費形態は「中高年
者」世代の特徴を表しているとみなすと、近年の中高年者では、中食では米
食が増えているのだが、その増大分を内食・外食での米食減少量が相殺して
大きく上回り、その結果、「1人当たり食品摂取量」において、米摂取量の
激減となって現れていると理解される。

また、主食的調理食品（中食）の購入支出において、単価の高い「すし（弁
当）」の構成割合が世帯主年齢階層に比例して高く、中高年世帯の同支出の
大きさに反映している。そして、2000年以降の動向において、中高年世帯の
主食的調理食品支出の増加は顕著であり、その中で特に「調理パン」「その他」
「弁当」が突出している。

以上のように、食料購入支出の世帯主年齢階層別の分析によれば、近年の

図3-3　世帯主30代の調理食品支出指数等の推移
（2000年＝100）

注）「調理食品支出」の指数は、2015年基準の消費者物価調整済みの支出額で算出
　　している。次図も同じ。

　米消費の中食化は中高年世帯が主導しており、共稼ぎ世帯率が上昇している
世帯主20・30代の世帯ではない。この点に関して、改めて世帯主30代と60代・
70歳以上の動向で詳しく確認してみたい。

　まず図3-3は、19／00年対比で配偶女性有業率（夫婦共稼ぎ世帯率）の
上昇が最も大きい世帯主30代世帯について、2000年以降の精米購入量と調理
食品購入支出（いずれも1人当たり）の推移を00年基準の指数対比で示して
いる。そのさい、調理食品の購入支出額については、2015年基準の消費者物
価指数で調整している。

　同図によれば、精米購入量は、配偶女性有業率の上昇と反比例しておおよ
そ減少傾向にある。但し詳しく見れば、15年以降では、配偶女性有業率の上
昇度が増したにも関わらず精米購入量はむしろ横ばいに変わっている。また、
調理食品支出の動向では、16年以降やや増大してきているが、00年から鳥瞰
すればおおよそ横ばい傾向にも見える。要するに、世帯主30代層では、共稼
ぎの増大は、14年までの精米購入量（内食）の減少には関連づけられうると
しても、中食の動向には何ら影響を及ぼしていない。

図3-4　世帯主60代・70歳以上層の調理食品支出指数等の
推移（2000年＝100）

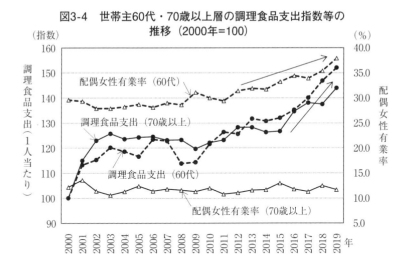

また、世帯主60代・70歳以上層についても同様の動向を**図3-4**で見てみよう。

同図によれば、世帯主60代の場合、配偶女性有業率は12年頃から上昇し始めている。それと併行するかのように、多少のタイムラグはあるものの調理食品購入支出も10年頃から明らかに上昇傾向に転じている。但し、03／00年では配偶女性有業率がやや低下しているにも関わらず調理食品の支出は急増しており、また、10年以降の調理食品の増加度合いは配偶女性有業率の緩やかな上昇度よりも大きい。

従って、60代世帯においても中食化の主な要因を共稼ぎの増加に求めることできない。さらに世帯主70歳以上では、配偶女性有業率が横ばいであるにも関わらず、60代と同様に調理食品の支出は10年頃から増大傾向に転じている。

以上のように、いずれの世帯主世代においても、米消費の「中食化」は共稼ぎ世帯の増加とはほぼ無関係である。また、第1章の「食品摂取量」分析でも、国内米消費の減少主体は共稼ぎ率が最も上昇した30代以下層ではなく、60代以上層であることを明らかにしている。従って、米消費の減少及び中食化の主要因を共稼ぎ世帯の増加に求める通説的な理解は、少なくとも2000年

以降においては平均値で捉えた誤謬と思われる⁽⁷⁾。

そして、米消費の減少要因としては、第1章の摂取（熱）量分析でも指摘したように、中高年世帯（世代）で顕著な食料消費品目の多様化や主食における米食嗜好の低下（小麦食・肉食嗜好の向上）などに求めるべきである。

また、中高年世帯の米食中食化の背景としては、中高年者自身の事情、例えば高齢化にともない、親介護等による家事労働の省力化や「食の簡便化」志向が推察される。但し、これら中高年者の「ニーズ」は従前より潜在していたはずである。その「ニーズ」を顕在化させた要因として、「中食」商品の供給側の対応を重視する必要がある。

前掲**表3-7**に見るように、「弁当」や「調理食品」、「その他（主食的調理食品）」にしても、中高年者がその購入を急増させた時期は主に2010年以降である。その動向は、前章の**図2-6**、**図2-7**で指摘したように、コンビニや食料品スーパーの惣菜販売額が上昇し始めた時期であり、コンビニの店舗数が急拡大した時期とちょうど重なる。

その惣菜販売額の上昇過程においては、前章の末尾で総括したことと関連するが、食料品スーパーやコンビニ等における中高年者ニーズへの対応、例えば量目の少量化や食味向上、低価格化、健康・栄養志向の配慮等々、中高年者の利便性・嗜好に対応した弁当商品開発などが、米食調理品等に対する中高年者の潜在的なニーズ（ウォンツ）を顕現させたと推察される。但し、この点は、関連業者の販売戦略や商品開発等の実証的検討を欠いており、仮説としての提示に留めたい。

（注）
（1）具体的な内訳分類品目は、「弁当」「すし（弁当）」「おにぎり・その他」「調理パン」「他の主食的調理食品」である。そのうち、「調理パン」「他の主食的調理食品」には冷凍品を含むが、それ以外では除かれる。
（2）「外食」には、飲食店での飲食費のほか、飲食店（宅配すし・ピザを含む）により提供された飲食物は、出前、宅配、持ち帰りの別に関わらず全て含む。「一般外食」と「学校給食」に分かれ、前者はさらに「食事代」（主食的外食）と「喫茶代」「飲酒代」に分かれる。

（3）「食事代」に占める「すし（外食）」の支出構成比（2019年）は、世帯主50代以下層が1割未満に対して、60代・70歳以上では11.3%、13.8%と高い。

（4）「他の主食的調理食品」には、中華まんじゅう、各種グラタン、ピザパイ、冷凍食品（ラザニア、焼おにぎり等）、レトルト食品（ピラフ、五目めし、白飯、白がゆ等）などがあり、品目数では小麦食品よりも米食品が多いように思われる。

（5）「食事代」の内訳は、「日本そば・うどん」「中華そば」「他の麺類外食」「すし（外食）」「和食」「中華食」「洋食」「焼肉」（2015年以降「洋食」から独立）と「ハンバーガー」「他の主食的外食」に分類される。

（6）2001年の摂取量を100とした相対指数の推移で見ると、1-6歳は06年（指数93）と10年（同91）を例外とすれば指数95～102の範囲で変動しており、2018年では98になる。また、7-14歳では97～107の範囲で変動しており18年では102になる。両者とも増減変動幅は小さく、鳥瞰すればおおよそ横ばい傾向に見える。

（7）草刈［1］（p.10）は、「共稼ぎ世帯の増加による女性就業率上昇は、2つの面からコメの内食消費量を減少させる要因になっている」という。1つは、女性の就業意識向上により「内食にかかる手間コストが強く意識されるようになったこと」であり、2つは、女性の就業率上昇が晩婚化・少子化を進めて、世帯員数の減少により1人当たり内食生産コストを引き上げたと解釈する。このような理解は、70年代半ばから反転する「女子労働力率」の上昇ないし「専業主婦率」の低下（草刈［1］の図2）と、60年代半ば以降から続く「食生活の外部化比率」の上昇傾向（同図3）とを直接関連づけた統計上の判断に基づいている。

（参考文献）
［1］草刈　仁「コメの消費減少はどう進んでいるのか」『農業と経済』第83巻第12号、2017年12月、6～13頁

第4章

単身世帯の米食の特徴

1　単身世帯では「食の外部化」が深化

　前章で明らかにした「二人以上世帯」における米消費の特徴は、「単身世帯」でも妥当するのであろうか。また、国内総人口が減少のもとで「単身世帯」人口の増大は、今後の国内米消費の動向に対してどのような影響を及ぼすであろうか。本章では、2000年以降の総務省「家計調査」の統計に基づいて、「単身世帯」の主食的食料の消費形態及び米消費の動向を「二人以上世帯」との対比で検討してみたい。

　まず、「単身世帯」の属性を確認しておきたい。**表4-1**によれば、世帯主

表 4-1　食料・穀類購入支出の構成比等
（単身世帯、年齢階層別、2019 年）

		平　均	34 歳以下	35～59 歳	60 歳以上
平均年齢（歳）		59.0	27.1	49.9	74.6
有業者比率（人）		0.54	0.99	0.87	0.23
うち男性		0.66	0.99	0.88	0.28
うち女性		0.44	0.99	0.85	0.20
エンゲル係数		27.0	27.2	25.2	28.1
食料支出構成	中食比	15.5	14.4	18.3	14.3
（%）	外食比	29.1	53.1	32.9	17.6
	計	44.6	67.5	51.2	31.9
	米	24.5	9.5	18.3	30.1
「穀類」の支	パ　ン	45.8	53.3	50.6	42.2
出構成（%）	麺　類	23.1	32.3	25.0	20.6
	その他	6.6	5.0	6.1	7.1
	計	100.0	100.0	100.0	100.0
人口構成（%）	2000 年	100.0	41.1	29.6	29.3
	2015 年	100.0	27.1	31.8	41.1

注）「家計調査（単身世帯）」より作成。表中の「中食比」「外食比」とは、食料支出
　　に占める「調理食品」の購入及び「外食」の支出割合をいう。以下の図表も同じ。
　　なお、「人口構成（%）」は各年「国勢調査」結果による。

71

の年齢構成では2000年には34歳以下が41.1％と若い単身者が多数を占めていた。それが2015年には27.1％に縮小し、反対に60歳以上が29.3％から41.1％に増えており、いまや「単身世帯」の主体は高齢者に移行している。

　また、有業者比率（2019年）において、各年齢階層での男女間格差は小さく、59歳以下層の世帯主では大半が有業者である。但し、同表に示していないが、有業者のうち正規の職員・従業員の比率は、女性34歳以下が92.2％、男性35〜59歳71.0％に対して、女性35〜59歳は52.9％と低い。さらに、60歳以上世帯では有業者比率が0.21人と低いため、年金生活者が過半を占めると推察される。

　同表で、エンゲル係数に着目すると、「二人以上世帯」（2019年）と比べた場合、若い世代の34歳以下でやや高いが他の世代層では同様の水準にある。そして、食料消費支出に占める外食の割合（外食比）に着目すると、「二人以上世帯」が18.3％に対して「単身世帯」（平均）は29.1％と高い。その中でも、年齢階層に逆比例して若い世帯主ほど外食比が極めて高く、世帯主60歳以上の17.6％に対して34歳以下は53.1％であり、年齢階層間の格差は「二人以上世帯」よりも大きい。

　一方、食料消費支出に占める「調理食品」の購入割合（中食比）は15.5％であり、「二人以上世帯」（13.3％）に比べてやや高い。但し、年齢階層別には14.4〜18.3％の範囲にあり、年齢階層間の格差は外食比とは異なって小さい。そして、中食・外食を合わせた「食の外部化」では、60歳以上が31.9％と低く、対照的に34歳以下では67.5％と顕著に高い。

　また、「内食」に供する「穀類」購入の品目別支出構成では、「米」（24.5％）よりも「パン」の割合（45.8％）が大きく上回り、「二人以上世帯」（41.0％）よりもやや高い。年齢階層別では、34歳以下及び35〜59歳で53.3％、50.6％と高いが、60歳以上でも42.2％を占める。

　これに対し「米」の購入割合では、その「平均」（24.5％）は「二人以上世帯」（29.6％）を下回る。年齢階層別には、34歳以下及び35〜59歳と60歳以上とでは大きな格差があり、特に「麺類」の比重も高い34歳以下の「米」

の購入支出は１割を切っている。一方、60歳以上の「米」の割合は相対的に高く、穀類購入支出の約３割を占めている。

　このように、「単身世帯」では「二人以上世帯」よりも「食の外部化」（特に外食化）が深化している。そして、穀類の購入（内食）支出においては、「二人以上世帯」と同様に米よりもパンの割合が高く、特に34歳以下層の内食では米の主食的地位は極めて低い。

　以下、米食及び主食的消費に関して、内食及び中食、外食での状況を詳しく見ていこう。

２　「すし・和食」（外食）志向の大きさ

　最初に、外食の状況について取り上げてみたい。まず、「単身世帯」の統計では性別対比が可能であり、**図4-1**により男女別で外食比の年齢階層間の

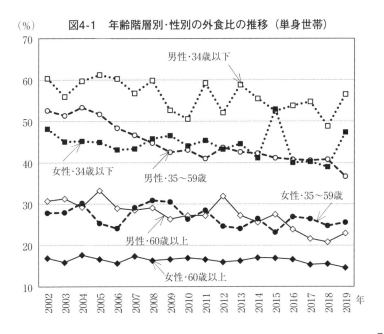

図4-1　年齢階層別・性別の外食比の推移（単身世帯）

相異を見てみよう。

　同図によれば、02年以降の外食比の動向では、程度の差あれ男女ともほぼ全年齢階層で低下傾向にある。その中で、男性35〜59歳の減少度合いが最も大きく、19／02年対比で52.5％から36.6％に低下している。また、男女いずれの年次も年齢階層間の格差が大きい。

　いま、年齢階層間の外食比について、年次変動が大きいので15〜19年の平均で対比すると、男性34歳以下が55％前後と最も高い。以下、男性35〜59歳及び女性34歳以下（図中の15年と19年の異常値を除外）では約40％、女性35〜59歳で26％前後、男性60歳以上で22％前後、女性60歳以上が15％前後と最も低い順になる。

　このように、男女34歳以下及び男性35〜59歳と、女性35〜59歳及び男女60歳以上との間に外食比の大きな開きがある。これは、先述の有業者比率ないし正規職員・従業員比率と収入水準[1]における性別年齢階層間の格差と照応している。

　次に、外食における主食的消費の状況として「食事代」の内訳を見てみよう。

　2019年の実績を示した**表4-2**によれば、「食事代」に占める品目別支出割合において、「その他」を除く品目では「すし・和食」が24.8％と最も大きい。以下、「洋食・焼肉」12.1％、「そば・麺類」11.0％と続き、その状況は男女

表 4-2　　「食事代」に占める品目別支出割合
（単身世帯、性別・年齢階層別、2019 年）

(%)

品　目	平　均	男性	女性	34 歳以下	35〜59 歳	60 歳以上
そば・麺類	11.0	11.4	10.4	11.4	11.6	10.2
すし・和食	24.8	24.4	25.4	20.0	22.8	31.2
中華食	3.7	3.7	3.6	3.3	4.5	3.3
洋食・焼肉	12.1	11.5	12.9	15.6	12.8	7.8
その他	48.5	49.0	47.6	49.7	48.2	47.5
食事代計	100.0	100.0	100.0	100.0	100.0	100.0

注）「そば・麺類」は、「食事代」の細分類品目では、日本そば・うどん、中華そば、その他の麺類外食である。「その他」は、ハンバーガーとその他主食的外食である。なお、「食事代計」は、ラウンドにより表記上の計算値と一致しない場合がある。

ともほぼ同じであり、「二人以上世帯」と比べて、「洋食・焼肉」がやや低い
ほかは大きな違いはない。

　また、年齢階層別では60歳以上で「すし・和食」の割合が高く、「洋食・
焼肉」では低い。この特徴は、「二人以上世帯」における世帯主60歳以上層
と同様である。なお、同表には示していないが年齢階層別の男女の相異は小
さい。

　ここで、「食事代」に占める「すし・和食」支出割合の動向から、前章と
同様に、間接的に外食における「米食嗜好」の傾向性を探ってみよう。なお、
同表によれば、「食事代」の中で、「その他」（ハンバーガー、その他主食的
外食）が48.5％と大きな割合を占めている。「その他」での米食や小麦食、
肉食の比重は不明なのだが、その動向は他の内訳4品目の傾向と同様である
と仮定しよう。

　まず、図4-2によれば、「そば・麺類」や「中華食」の場合（主に小麦食）
は、変動幅が小さく近年ではほぼ横這い状況にある。これに対して、支出割
合の高い「すし・和食」は、17／10年に限れば上昇傾向にあるが、02年以
降から鳥瞰すれば増減の変動幅がやや大きいものの横ばい傾向に見える。ま

図4-2　「食事代」に占める品目別支出割合の推移（単身世帯）

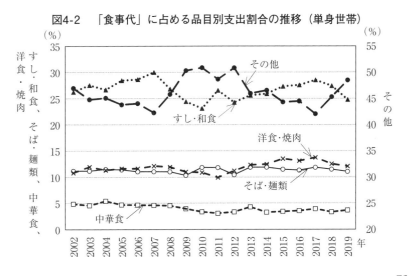

た、「洋食・焼肉」では変動幅は小さいが、15／11年ではやや上昇し、以後は横ばいからやや下降している。このように、「すし・和食」の動向から推察して、外食での米食嗜好は、02年以降において増減の波はあるが、おおよそ横ばい基調と見なしてよいであろう。

　ところで、「すし・和食」と「洋食・焼肉」の動向に関して、世帯主50歳以上の「二人以上世帯」では「すし・和食」割合の下降と「洋食・焼肉」の上昇傾向が、反対に30代以下層では前者の上昇と2010年以降の後者の下降が見られた。この点について、単身世帯の場合について図4-3で確認してみよう。

　同図によれば、60歳以上の「すし・和食」の支出割合では、07〜09年に低下しており、07年以前と09年以後の対比では後者が低い水準にある。但し、09年以降は、上昇・下降を繰り返しながらおよそ30〜35％の範囲内で推移している。他方、34歳以下についても鳥瞰すれば横ばい傾向にあり、「二人以上世帯」の世帯主30代以下層と同様ではない。従って、年齢階層間の格差は、00年代に比べれば2010年代はやや縮小しているものの、縮小の「傾向」にあるとまではいえない。

　また、60歳以上の「洋食・焼肉」の動向においては、同図に見るように、

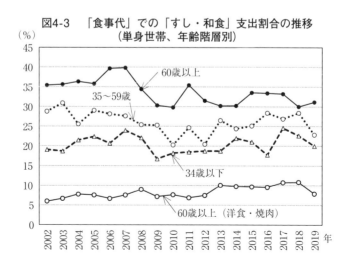

図4-3　「食事代」での「すし・和食」支出割合の推移
（単身世帯、年齢階層別）

18年までは「二人以上世帯」と同様に上昇傾向にある。

3　男性単身者世帯の「弁当」購入は減少

　次に、中食での主食的消費の状況について検討してみたい。

　まず、**図4-4**で男女・年齢階層別の中食比の動向を見てみよう。中食比の水準は男性が女性よりも高いのだが、その性別格差は外食比よりも小さい。また、中食比は全年齢階層で上昇傾向にあり、その上昇度合いは女性よりも男性が大きい。

　従って、中食比の男女世代間格差は拡大する傾向にあり、2019年時点で最大の男性35～39歳と最低の女性60歳以上の対比では、02年の12.5％と9.8％（格差2.7％）から、19年には19.8％と12.8％（格差7.0％）に開いている。また、同世代間では34歳以下で男女間格差が小さい。全体として、単身世帯の中食化は、男性の中高年世代が主導しているように見える。

　但し、食料消費支出に占める「調理食品」割合（中食比）の上昇は、直ち

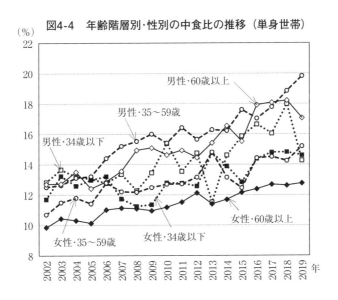

図4-4　年齢階層別・性別の中食比の推移（単身世帯）

表 4-3　調理食品の購入支出額等の推移（単身世帯、年間）

			2002	2006	2010	2015	2019
支出額 （円）	調理食品（a）		65,029	64,404	68,061	78,033	82,187
	主食的調理食品（b）		38,584	37,188	37,748	41,924	41,499
	米主食品（c）		30,763	28,448	28,511	29,679	26,445
	主食的 調理食品	弁当	20,331	17,751	17,110	17,997	13,845
		すし（弁当）	5,699	6,069	6,435	6,483	7,080
		おにぎり他	4,733	4,628	4,966	5,199	5,520
		調理パン	2,703	3,056	3,264	3,906	4,912
		その他	5,119	5,685	5,972	8,340	10,142
指数 （02年 =100）	調理食品		100	99	105	120	126
	主食的調理食品		100	96	98	109	108
	米主食品		100	92	93	96	86
	主食的 調理食品	弁当	100	87	84	89	68
		すし（弁当）	100	106	113	114	124
		おにぎり他	100	98	105	110	117
		調理パン	100	113	121	145	182
		その他	100	111	117	163	198
比率 （％）	b／a		59.3	57.7	55.5	53.7	50.5
	c／b		79.7	76.5	75.5	70.8	63.7

注）「指数」は02年の支出額を100とした各年の相対値である。「比率」（b/a、c/b）は、「調理食品」（a）、「主食的調理食品」（b）に対する「主食的調理食品」（b）及び「米主食品」（c）の支出割合を示す。なお、「米主食品」とは、細分類品目では「弁当」、「すし（弁当）」、「おにぎり・その他」（表中・本文中では「おにぎり他」）をいう。以下の表も同じ。

に中食での米食増大を意味しない。いま、**表4-3**によれば、19／02年対比で「調理食品」の支出額は26％増大しているが、「主食的調理食品」では00年代後半の微減を経て８％の微増に留まっている。そして、「米主食品」（弁当、すし、おにぎり他）に限っては逆に△14％と減少しており、「二人以上世帯」が19／00年対比で41％も増大しているのとは大きく異なる。その結果、「調理食品」に占める「主食的調理食品」の支出割合（b/a）は、同年対比で59.3％から50.5％へ低下し、さらに「主食的調理食品」に占める「米主食品」の支出割合（c/b）では79.7％から63.7％へと大幅に低下している。

　次に、内訳品目別の購入支出の動向を同表で見てみよう。まず、「弁当」の購入は、06／02年では減少しているが、その後は15年まで横ばいで推移し、以後、再び下降している。そして、支出額の19／02年対比では△31.9％の減少になる。この点は、「二人以上世帯」が2000年以降一貫して増大傾向にあり、19／00年の支出額対比で1.5倍に増えているのと大きく異なる。なお、

表 4-4　主食的調理食品の品目別購入支出額等
（単身世帯、年齢階層別、2019 年）

	品　目	平　均	34 歳以下	35～59 歳	60 歳以上
支出額 （円）	主食品計	41,499	50,326	57,163	30,732
	弁　当	13,845	19,723	20,501	8,527
	すし（弁当）	7,080	4,139	6,578	8,347
	おにぎり他	5,520	8,215	8,172	3,282
	調理パン	4,912	6,037	8,261	2,879
	その他	10,142	12,212	13,650	7,697
指数 （平均 ＝100）	主食品計	100	121	138	74
	弁　当	100	142	148	62
	すし（弁当）	100	58	93	118
	おにぎり他	100	149	148	59
	調理パン	100	123	168	59
	その他	100	120	135	76
構成比 （％）	主食品計	100.0	100.0	100.0	100.0
	弁　当	33.4	39.2	35.9	27.7
	すし（弁当）	17.1	8.2	11.5	27.2
	おにぎり他	13.3	16.3	14.3	10.7
	調理パン	11.8	12.0	14.5	9.4
	その他	24.4	24.3	23.9	25.0

注）各年齢階層の「指数」は、「平均」の支出額を 100 とした相対値である。なお、
「支出額」及び「構成比」の「主食品計」は、ラウンドにより表記上の計算値
と合致しない。

　「弁当」の購入割合は、19年の実績で「主食的調理食品」の33.4％、「米主食品」
の52.4％を占めており、その購入支出の大幅な減少が先述の「米主食品」割
合の低下をもたらしている。

　これに対して、「すし（弁当）」と「おにぎり他」は鳥瞰すれば微増傾向に
ある。また、「調理パン」の購入は一貫して増大傾向にあり、19／02年の支
出額対比では1.8倍と顕著であり、「二人以上世帯」と同様である。

　また、「その他」（主に冷凍・レトルトの主食品）も増大傾向にあり、その
増加度が顕著である。19／02年の支出額対比では約２倍になり、主食的調
理食品に占める割合は13.3％から24.4％に上昇している。この点は、「二人以
上世帯」と同様に「単身世帯」においても「主食的調理食品」の消費多様化
が進展していることを示す。

　ここで、年齢階層別の特徴を捉えてみよう。まず、2019年の主食的調理食
品の購入支出状況を表4-4で見てみると、60歳以上で大きな特徴がある。同

表 4-5　主食的調理食品支出の品目別割合の推移（単身世帯、性別）

(%)

年	弁　当			すし（弁当）			
	男性平均	女　性		男　性		女　性	
		平均	34歳以下	平均	60歳以上	平均	34歳以下
2002	60.0	35.9	45.2	9.9	25.2	26.1	10.1
2006	54.2	35.3	52.4	11.6	28.5	25.4	8.3
2010	51.6	33.8	37.3	12.5	24.6	25.5	11.0
2015	48.6	32.8	52.5	10.9	21.5	23.5	5.2
2019	37.4	26.9	28.3	13.1	20.8	23.4	7.7

年	おにぎり他		調理パン		その他	
	男性平均	女性平均	男性平均	女性平均	男性平均	女性平均
2002	12.0	12.8	6.5	8.2	11.7	17.3
2006	12.5	12.4	8.2	8.2	13.6	18.1
2010	14.3	11.0	8.4	9.1	13.2	20.6
2015	13.2	11.0	8.5	10.7	18.8	21.9
2019	14.3	11.7	12.1	11.4	23.1	26.6

世代は、「食の外部化」が他の世代よりもかなり低いため、主食的調理食品の購入支出額自体が35〜59歳層の約54％にすぎない。

　但し、品目別では「すし（弁当）」の購入額が他の世代を上回り、購入割合において27.2％と「弁当」と並ぶ大きさを占めている。調理食品においても中高齢者の「すし」嗜好の大きさは、「二人以上世帯」と同様である。対照的に、34歳以下及び35〜59歳層では、「弁当」の割合が39.2％、35.9％と突出して高く、「二人以上世帯」の40代以下層と同じ状況にある（第3章の**表3-6**参照）。

　ところで、「主食的調理食品」（中食）の購入品目では、「食事代」（外食）とは異なって男女別格差が大きい。**表4-5**によれば、「弁当」の購入割合において、「平均」では女性は男性よりも低いのだが、正規職員・従業員の比率が高い34歳以下の若い女性層では男性並の水準にある。そして、近年になって大幅に低下したのは男性であることが分かる。

　また、「すし（弁当）」では、女性（平均）の購入割合は男性よりも10％以上回るのだが、34歳以下に限っては逆に低く、男性（平均）を大きく下回る。対照的に、60歳以上の男性の購入割合は女性（平均）の水準に近い。そして、男性（平均）は鳥瞰すれば上昇傾向に見えるのに対して、女性（平均）では

やや低下傾向にある。

　そのほか、「おにぎり他」の購入割合では男性、「その他」では女性がやや高く、「調理パン」では男女間の格差は小さい。

　このように、主食的「中食」品目に対する嗜好やその変化において、男女年齢階層間の差異が大きい。

4　高齢者世帯の内食で米食が激減

　最後に、穀類及び米の購入（内食）支出の動向について、2000年以降の特徴を捉えてみよう[2]。

　まず、穀類全体の支出額では2019／00年対比で△1.7％と殆ど変化していないのだが、品目別では大きく異なる。まず、パンは07年以降から増大傾向にあり、同年対比で21.1％増になる。麺類は00年代後半に増大しているが、10年以降はおよそ横這いで推移しており、19／02年対比では8.4％増になる。

　これに対して米の購入支出では、増減の緩やかな変動を繰り返しながら鳥瞰すれば減少傾向にあり、19／00年対比で△34.8％と減少幅が大きい。その結果、穀類購入に占める米の支出割合は、この間に37.0％から24.5％に低下し、反対にパン購入が37.2から45.8％へ上昇している。この傾向は、「二人以上世帯」の状況と同様である。なお、米の場合、18／16年に増大傾向に転じているが、前章でも指摘したように米価の上昇が反映しているとみてよい。

　ここで、穀類3品目の購入支出割合に関して、その年齢階層別の特徴を捉えてみよう。

　まず、図4-5で34歳以下について見ると、パンの購入割合が2019年で53.3％と年齢階層間で最も高く、変動幅が大きいのだが傾向的には微減状況にある。これに対して米及び麺類は、2010年以降はおおよそ横ばい傾向にあり、米の購入割合は増減変動の幅やや大きいものの17年頃までは15％前後であり、麺類は30％付近で推移している。

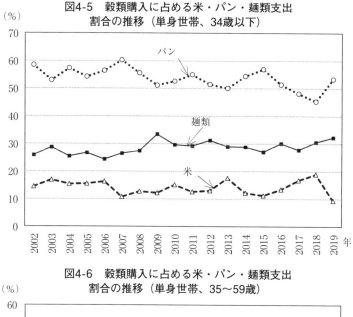

図4-5　穀類購入に占める米・パン・麺類支出
割合の推移（単身世帯、34歳以下）

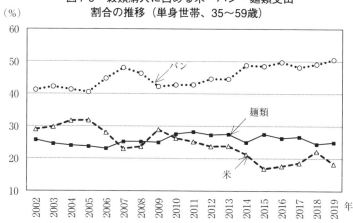

図4-6　穀類購入に占める米・パン・麺類支出
割合の推移（単身世帯、35～59歳）

　また、**図4-6**で35～59歳の動向を見ると、パンの支出割合は34歳以下と同様に19年現在で50.6％と高いのだが、傾向的には上昇している。米の場合は、増減の変動がやや大きいものの鳥瞰すれば低下傾向にあり、19年次には18.3％と麺類をも下回り、年齢階層間で最も低い。麺類の支出割合では、11／06年では上昇傾向にあったが、12年頃からは低下傾向に転じている。

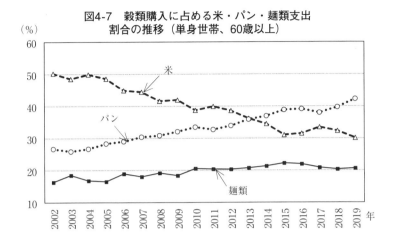

図4-7　穀類購入に占める米・パン・麺類支出
割合の推移（単身世帯、60歳以上）

　さらに、**図4-7**で60歳以上の動向を見ると、米の購入割合はほぼ一貫して低下傾向にあり、19／02年対比では50.2％から30.1％と約２割も低下している。これに対して、パンは同年対比で26.7％から42.2％へと大きく上昇しており、米の割合を14年に超えている。そして、米の低下度とパンの上昇度では、年齢階層間で60歳以上が最も大きい。また、麺類では、10年以降は約20％でほぼ横ばいで推移している。

　なお、各年齢階層における穀類品目の構成比やその動向については、図示は省略するが男女ともおおよそ似た状況にある。

　以上の外食及び中食、内食での検討から、「単身世帯」においてもパン食が増大傾向の一方で、米食は減少傾向にある。ここで、米食の減少を主導している年齢階層を改めて特定してみよう。その際、最近の2015年以降の状況において、外食比が高い男女34歳以下及び男性35〜59歳のグループと、外食比の低い男女60歳以上及び女性35〜59歳のグループに分けて検討してみる。

　まず、前者の男女34歳以下及び男性35〜59歳は、その外食比の高さから主食的消費を外食に強く依存していることになる。同グループの場合、「すし・和食」の動向から外食での米食嗜好は不変と見なしても外食比は低下傾向にあり、一方、増大傾向にある「主食的調理食品」のうちでは「弁当」の割合

が低下していることから、米食はやや後退していると推察される。但し、前掲図4-5が示すように、34歳以下の内食では米の購入割合はほぼ横ばいで推移しているため、同グループの米食減少の度合いは小さいように思われる。

　他方、外食比の低い後者グループの場合、中食比が上昇傾向にあるとはいえその水準はいまだ12〜18％程度の低さにあるため、主食的消費は内食が主である。食料支出に占める穀類購入の割合を2019年の実績で示すと、外食比の高い前者のグループでは男性34歳以下3.3％、男性35〜59歳5.1％、女性34歳以下3.8％に対して、後者のグループでは男性60歳以上6.9％、女性35〜59歳7.0％、女性60歳以上7.5％というように穀類購入の割合が高い。

　このことから、特に男女60歳以上では、前掲図4-7に見るように02年頃は家庭調理での米飯が主食であったが、しだいにパン食へと大きく替わり、現在では購入支出においてパンが主食の地位を占めたといえる。特に女性35〜59歳では、前掲図4-6が示すように02年においてすでに家庭（内食）でのパン食が主になっていたが、米飯の減少でその傾向を一層強め、現在では米食が最も少ない世代となったといえる。

　以上の検討結果から、「単身世帯」で米消費を大きく減退させた性別年齢階層は、いまだに内食（穀類購入）での主食的消費の比重が高い男女60代以上層と特定できよう。

5　まとめ

　これまでの検討結果から、「単身世帯」における米消費の動向に関して、「二人以上世帯」との対比でその特徴を改めて指摘してみよう。

　まず、「単身世帯」では「二人以上世帯」よりも「食の外部化」が深化している。特に、外食比においては女性よりも男性で高く、年齢階層別では34歳以下が突出して高い。この状況は、正規の職員・従業員が多い男性及び若い世代の調理志向の少なさを反映していよう。他方、有業者が少ない60歳以上の外食比の低さは、調理時間の余裕の大きさ、あるいは収入水準の低さに

起因すると考えられる。

　ここで、外食での米食嗜好を「すし・和食」の支出動向で推察すると、その「食事代」に占める割合は全年齢階層でおおよそ横ばい傾向にある。そして、世帯主中高年層の「二人以上世帯」では米食嗜好の後退傾向が明瞭なのだが、60歳以上の単身世帯では2010年以降の動向で見る限りその兆候はない。

　次に、中食比においては「二人以上世帯」と同様に全年齢階層で上昇傾向にある。また、女性よりも男性が高く、年齢階層別では女性の場合は34歳以下及び35〜59歳層で、男性では35〜59歳及び60歳以上で高い。いずれの年齢階層でも程度の差あれ外食比は低下傾向にあるのだが、食事単価の高い外食から中食への転換は男性中高年層が先行している。

　また、「主食的調理食品」（中食）の内訳では、「弁当」の比重は現在でも高いのだが、その支出額は19／02年対比で大幅に減少しており、この点は「二人以上世帯」の動向と大きく異なる。そして、この「弁当」と「すし（弁当）」「おにぎり他」を合わせた「米主食品」の割合では、「弁当」支出額の減少を反映して低下傾向にある。これに対して、「調理パン」及び「その他」の支出・割合は「二人以上世帯」と同様に増大・上昇傾向にある。

　さらに、穀類の品目別購入（内食）では、いずれの年齢階層で米よりもパンの支出割合が大きく上回る。そして傾向的には、パンの上昇と米の低下が指摘できる。但し、年齢階層によって大きく異なり、34歳以下に限っては米の割合は横ばいで、パンではやや低下傾向にある。同世代のパン支出の割合は、07年以前にすでに6割の高さに達しており、他方、米の割合は15％近くまで低下していたことから、主食品目での極端な偏りに対して「反動」が生じているのかもしれない。

　一方、パン割合の上昇と米の低下が最も顕著な年齢階層は、内食の比重が高く、しかも04年頃までは米が5割を占めていた60歳以上である。その意味で、内食の動向においては、各年齢階層間の主食構成が平準化に向かっているように見える。

　以上の外食及び中食、内食での検討結果から、「単身世帯」においても米

食（米消費）は減少傾向にあると結論できる。そして、その米消費の減少を主導している年齢階層は、内食（穀類購入）の比重が高い60歳以上であった。このように、第1章で捉えられた中高年層でのパン食の増大傾向と米食の減少傾向は、「二人以上世帯」に加えて「単身世帯」においても同様に確認できる。

　ところで、「単身世帯」人口（比率）の増大は、今後の国内米消費の動向にどのような影響を及ぼすであろうか。以下、これまでの知見に基づいて推察してみよう。

　まず、米購入の支出額では19／00年対比で△33％と大幅に減少している。そして、「二人以上世帯」よりも高い中食比は、近年においても全年齢階層的に上昇傾向にあるものの、「弁当」の減少傾向を反映して「調理食品」に占める「米主食品」の比重は低下している。

　また、外食での米消費動向に関しては、「食事代」に占める「和食・すし」支出割合の横ばい状況から、外食内部での米食嗜好はおおよそ不変と見なせよう。但し、外食比自体が低下傾向にあるため、外食での米消費が量的に増えているとは想定し難い。

　以上のことから、中食で米食が増大している「二人以上世帯」とは異なり、「単身世帯」では内食での大幅な減少と中食での微減傾向を反映して、今後も米消費の減少度合いが大きいと推察できる。従って、「単身世帯」人口の増大は、国内米消費（需要）の減少傾向を加速させるといえよう。

　但し、米食と競合するパン食（パン・調理パン）がいつまでも増大傾向にあるとは限らない。34歳以下のパン購入の動向に見られるように、その購入割合が一定程度の高さに達した後、減少に転じる可能性もある。この点から判断すれば、「単身世帯」の米消費の減少傾向は将来的に鈍化するかもしれない。

　また、米消費の中食化への影響に関しては次のように推察される。

　まず、60歳以上では、他の年齢階層に比べて「食の外部化」は低く、内食での米食割合が高い。そのため、「単身世帯」の高齢化は国内米消費の中食

化傾向を抑制する。但し、上述のように、60歳以上でも米の購入が大幅に減少してきている。また、「単身世帯」全体としては、「米主食品」（中食）の購入支出は横ばいないしやや減少に留まるのに対し、米購入（内食）の場合では減少度合いが大きく、最近でもその傾向が続いている。このことから、「単身世帯」の米消費においても相対的に中食への依存が強まる傾向にある。従って、単身（高齢者）世帯人口の増大は、短期的にはともかく長期的には国内米消費の中食化を促進すると予想される。

　なお、「単身世帯」の人口比率（国勢調査）は、2000年の10.4％から15年には14.8％へ上昇しており、国内全体の米消費（需要）に与えるその影響は、今後に強まると理解すべきであろう。

（注）
（1）2019年の統計（「家計調査」用途分類）によれば、年間収入100万円未満から600万円以上の7階区分で、構成割合が最も高い（モード）収入階級を男女各年齢階層別に示すと以下のようになる。
　　　男性…34歳以下400万円台、35〜59歳600万円以上、60歳以上200万円台
　　　女性…34歳以下300万円台、35〜59歳200万円台、60歳以上100万円台
（2）「家計調査」の「単身世帯」では、「穀類」の購入に関して数量ベースの公表統計を欠いている。

第5章

安くなれば米食は増えるか？

1　はじめに

　近年の国産米の生産者販売価格は、2014年産で一時暴落したあと上昇に転じて、17年産以降、20年3月までは、農水省公表の相対取引価格（全国銘柄平均）で1万5,500円以上の水準で推移していた。この米価水準は、08年産以降では最高値である12年産の1万6,501円に次ぐ。

　このような米価の上昇・高止まりは、米消費の減少を招いているという見方が流通・加工業界や一部研究者の間で根強い[1]。そして近年、米卸業界の中には、主産地に対して中食・外食需要に対応した低価格米の生産拡大を求める声が強く、自県産米の高級ブランド化を狙いとした県行政主導の新品種開発競争に批判的な雰囲気もある。

　但し一方で、常識的な経済感覚にも適う「安くなれば米の消費は増える」のであろうか。この約30年を振り返れば、90年代初めに60kg 2万円くらいした生産者米価は最近では高値でも1万5千円台に低下しているが、この間、「供給純食料」で捉えた1人当たり米消費量ではほぼ一貫して減り続けている。いわば、現実の米の需要曲線は右上がりに「屈折」しているように見える。

　これまで、米の消費と価格との関係について、多様な消費形態での把握や競合品目との対比、「食の外部化」の影響など、総体的な検討を試みた研究は皆無に等しい。本章は、2000年以降の動向を対象に、主食用米の消費（米食）と価格変動との関連性やその傾向的特徴及び背景事情について、具体的な消費形態レベルで検討してみたい。利用する統計資料は、総務省「家計調査」や農水省「米の消費動向に関するアンケート調査結果」、日本惣菜協会『惣

菜白書』などである。

　なお、2020年3月頃からの新型コロナウイルスの感染拡大は米の消費経済にも大きな影響を与えているが、その問題は本章では検討の対象外とし、次章以降で扱うことにしたい。

2　米購入に対する価格変動の影響

(1)　米の購入量と価格変動の関係―「家計調査」から―

　最初に、内食・中食・外食のそれぞれの消費形態において、米の消費と価格との関係について、総務省「家計調査」から検討してみよう。そのさい、「家計調査」の統計は、「品目分類・二人以上世帯」の「勤労者世帯」を対象とする。

　最初に、米の価格変動と家庭での購入量（内食）の関係について、長期の動向において捉えてみよう。図5-1は、2000年以降の米の購入量（世帯員1

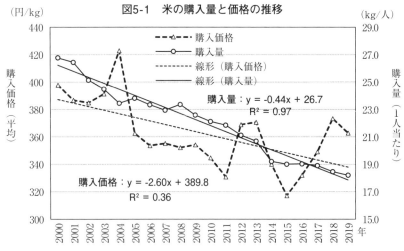

図5-1　米の購入量と価格の推移

注）「家計調査（品目分類、二人以上・勤労者世帯）」より作成。「購入量」は1人
　　当たり数値である。以下の図表も同じ。

人当たり）と購入価格（平均単価）の推移を示している。まず、購入量はほぼ直線的に、しかも年平均440ｇ減の急勾配で低下している。他方の購入価格は、増減の変動が大きく、その回帰直線の決定係数では0.36と低いものの右下がりの傾向にある。要するに、長期的な動向では、購入価格は低下傾向にあるのだが、購入量は価格変動とは無関係に減少し続けているように見える。

　それでは、年次ごとの短期で見た場合、両者の関係はどのように捉えられるであろうか。そのさい、実数値の対比では、購入量の変動が小さいために価格変動との関係性が判然としない。そこで、対前年比伸び率の比較で両者の影響関係を見てみよう。

　図5-2によると、01年以降、購入価格の増減率が上昇・下降時に、購入量の増減率が逆に下降・上昇する年次は13回ある。これらの年次は、米価の変動に敏感に反応して、購入量の増減率が変動したといえよう。これに反して、両者がともに下降・上昇（同じ方向に変動）する年次は５回（03、07、14〜16年）に留まる。

　このことから、年次ごとの短期では、米の購入量は価格変動によって影響

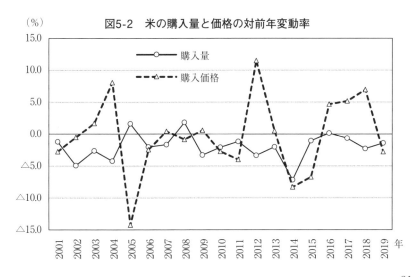

図5-2　米の購入量と価格の対前年変動率

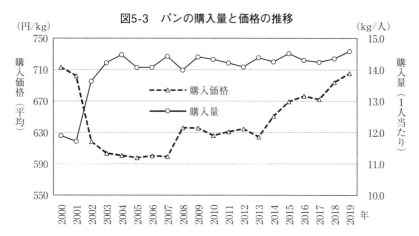

図5-3　パンの購入量と価格の推移

（円/kg）　　　　　　　　　　　　　　　　　　　　　（kg/人）

購入価格（平均）

購入量（1人当たり）

---- 購入価格
—— 購入量

される場合が多い。なお、価格下落（変動率がマイナス）時に購入量自体が前年比で増えた（伸び率がプラス）年次は、05年（伸び率1.6％）と08年（同1.8％）にすぎず、価格が低下しても多くの年次で購入量は減少している。要するに、米の購入（内食）では、安値になっても購入量は減少し続け、ただ、その減少度合いが「緩和」されるにすぎない。

　ここで、同じ主食品であるパンの場合と比べてみよう。いま、パン購入の長期的な動向について図5-3で見ると、00年代前半では、価格の大幅な下落により購入量が急増している。ところが、00年代半ば以降になると、パンの購入価格は鳥瞰すれば上昇傾向にあり、他方、購入量は小幅の増減を繰り返しながら長期的には微増傾向に見える。

　次に、各年の対前年変動率で見てみよう。図5-4によれば、価格の変動率は大幅に下落した02年を除いて小さく、価格と購入の増減率の上昇・下降は、米の場合と同様に多くの年次では逆向きになる。但し、購入量の減少年次と増加年次の数は拮抗しているのだが、減少率が高い△1.5％以上の年次は05・08年のみに対して、1.5％以上の増加年次は02〜04年、07・09・13・15・19年と多数である。その結果として、前図の長期的動向では、00年代前半の購入量の急増と近年の微増傾向になっていると理解できる。

　ところで、パン購入量の減少率が高い05・08年は、同図に示すように米の

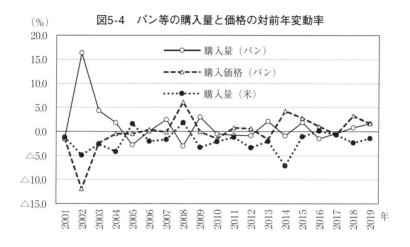

図5-4　パン等の購入量と価格の対前年変動率

表5-1　米・パン・牛肉の購入変動率の標準偏差

	期　　　間	米	パ　ン	牛　肉
購入量	2001〜19年	2.1	4.2	6.0
(a・%)	2011〜19年	2.1	1.4	4.7
購入価格	2001〜19年	6.1	3.6	5.3
(b・%)	2011〜19年	6.7	1.9	5.9
反応度	2001〜19年	0.34	1.17	1.13
(c=a/b)	2011〜19年	0.31	0.74	0.80

購入量が増えた（増加率がプラスになった）年次である。さらに、購入量増減率の上昇・下降において、パンと米が逆向きになる年次は、01〜06年、08〜11年、16〜18年と多いことから、両者が主食品として代替・競合関係にあること示している。

　ここで、価格変動が購入量に及ぼす影響の大きさを特定期間の変動率の標準偏差で捉えてみよう。比較対象として、主食品目のパンと上級財である牛肉を取り上げてみる。

　表5-1は、3品目の購入量・購入価格について、対前年比変動率の標準偏差（a、b）を2001〜19年と近年の11〜19年の期間で示している。表中の「反応度」（c＝a/b）は、価格変動に対する購入量の反応度合いの指標とする。同表によれば、米の「反応度」は、他の2品目に比べて両期間とも0.34、

0.31と小さく、価格変動に対して購入量の反応は鈍い。これは、米消費の主食品的特徴を端的に示していよう。

これに対して、パン及び牛肉の「反応度」は大きく、特に01〜19年の期間では両者とも1を超えており、価格変動に対して購入量が敏感に変動している。特にパンは、主食品目でありながら牛肉と似て嗜好品的性格が強いといえる。

以上のことから、米の場合、短期的にはパン購入と競合関係にあり、価格低下が購入量の動向に影響している。但し、安くなると「購入量が増える」ということではなく、購入量の「減少率が低下」するという程度にすぎない。そして、長期の動向においては、価格変動とはほぼ無関係に購入量は減少し続けているのである。

(2) 消費者の米購入の態度─農水省アンケート調査結果から─

それでは、実際の消費者の購買行動において、価格変動は軽視されているのであろうか、あるいは、どのような理由で米の購入量を増減させているのであろうか。この問題は、消費者の購買意識レベルで解明される必要がある。

ところで、農水省は米の消費動向把握を目的として、国内に在住する18歳以上の男女3,231人に対して、登録モニターによるインターネット調査を2020年2〜3月に実施した。そして、同年3月末にその調査結果の概要を公表している[2]。

その中に、米消費量の増減との関連で、価格変動への対応を問うた調査項目がある。そこで、回答結果の原データの再集計・加工によって、上述の問題に接近してみよう。そのさい、第1・3章で明らかにしたように米の消費形態において世代間で大きな相違があることから、特に年齢階層別の特徴に着目してみたい。

まず、アンケート回答者の属性的特徴を確認しておこう。回答者には単身世帯をも含み平均世帯員は2.7人であり、フルタイム勤務形態が50％を占めている。そして、年齢階層別（世帯）では以下のような特徴がある。

・20代以下、30代に単身世帯が29％、23％と多い。

・30代、40代の回答者の世帯員は３～４人であり、うち「夫婦＋子弟１～
　２人」が約半数を占める。

・60歳以上では主に夫婦２人の世帯が54％を占める。

・20代以下、30代の女性回答者にはフルタイム勤務が多く、51％と48％を
　占める。

・60歳以上で、男子のフルタイム勤務は約４割、女性では無職が66％を占
　める。

表5-2　５年前と比べて回答者自身の米消費量の変化

(％)

年齢階層	合　計	増えてきている	減ってきている	変わらない
18～29歳	100.0	20.6	23.7	55.8
30～39歳	100.0	18.6	16.3	65.1
40～49歳	100.0	17.2	19.1	63.7
50～59歳	100.0	9.0	34.4	56.6
60歳以上	100.0	4.5	43.0	52.5
合　計	100.0	13.8	27.5	58.7
(回答数)	3,231	447	889	1,895

注）農水省「米の消費動向に関する調査の結果概要」（2020年３月）の原データ
　　を再集計・加工して作成。ラウンドにより、計算値の合計は「合計」と一致
　　しない。以下の表も同じ。

　最初に、最近の米消費量の増減を問うた回答を見てみよう。表5-2の「５
年前と比べて回答者自身の米消費量の変化」によれば、「変わらない」とい
う回答がいずれの年齢階層でも５～６割強を占めている。但し、「増えている」
と「減っている」の回答割合を比べると、40代以下層では両者がやや拮抗し
ている。他方、50代以上層では「減っている」の回答割合のほうが顕著に高
い。この点は、2000年以降、１人当たり米消費量の減少傾向が中高年世代で
大きいという第１・３章での指摘と符合する。

　ここで、米消費が「減っている」という回答者に、その「減らした理由」
を複数選択式回答で問うた場合では、表5-3のような結果が出た。まず、「価
格が高くなった（から）」という回答は、いずれの年齢階層も少なく、特に
50代以上では２％台に留まっている。そして、「炊飯時間がない・準備に手

表 5-3　米の消費が減っている理由（複数選択回答）

(%)

年齢階層	合計	価格が高くなった	炊飯時間がない・準備に手間	ご飯よりパンや麺の味がよい	副菜等を増やし、主食を減らした	主食も副菜も食べる量を減らした	その他	特に理由はない
18〜29歳	100.0	9.9	24.3	21.7	18.4	19.1	8.6	15.8
30〜39歳	100.0	12.2	21.4	15.3	32.7	18.4	16.3	14.3
40〜49歳	100.0	6.4	13.6	18.4	29.6	32.0	9.6	12.8
50〜59歳	100.0	2.5	8.0	16.4	29.8	28.6	16.8	14.3
60歳以上	100.0	2.2	4.7	14.5	33.7	33.0	15.2	17.0
合　計	100.0	5.3	12.0	16.9	29.4	27.7	13.8	15.2
（回答数）	889	47	107	150	261	246	123	135

注）前表で「減ってきている」という回答者（全体の 27.5％）について、「その理由」に対する回答である。回答欄の表現は簡略化しており、以下の表も同じである。

間（がかかるから）」という回答は、女性のフルタイム勤務者の多い20代以下（24.3％）と30代（21.4％）に多い。

　また、「副菜等を増やし、主食を減らした（から）」という回答は、30代以上層で3割前後を占めている。そして、「主食も副菜も食べる量を減らした（から）」という回答は合計で28％と最も大きな割合を占めるが、特に40代以上層で3割前後と多い。これら「主食を減らした」背景としては、一般に肥満が多い40・50代層では減量化志向、60歳以上では加齢による小食化志向が反映しているのではないかと推測される。

　さらに、「ご飯よりパンや麺の味がよい（から）」という回答が合計で17％、20代以下層では22％と多い。また、「中食」の食事内容を問う別途アンケート項目の中で、「中食での主食選択」では、「ご飯（弁当含む）」の57％に対して「パン」18％、「麺」14％であり、パン・麺食嗜好の強い回答者が約3分の1を占めている。この点から、米食減少の1つの要因として、競合関係にあるパン・麺食嗜好の定着とその増大が指摘できる[3]。

　このように、2020年3月までの5年間に米価は上昇傾向にあったのだが、同表は米消費の減少理由は価格以外の諸要因が大部分であることを示している。

表 5-4　「米の価格が上がった場合」の購買行動

(%)

年齢階層	合計	米の購入量を減らす	低価格米等で米の購入額を減らす	他の食品の購入を減らす	米及び他の食品の購入も変えず	その他
18〜29 歳	100.0	19.2	33.5	15.4	31.7	0.2
30〜39 歳	100.0	12.7	33.0	12.1	41.1	1.1
40〜49 歳	100.0	13.0	30.2	12.7	42.2	1.9
50〜59 歳	100.0	10.2	28.1	14.6	45.9	1.4
60 歳以上	100.0	10.8	24.1	9.5	53.5	2.1
合　計	100.0	12.9	29.4	12.7	43.6	1.4
（回答数）	2,597	335	764	331	1,131	36

　次に、米の価格変動に対する購買選択の意向を見てみよう。**表5-4**は、「米の価格が上がった場合」に対する回答結果である。合計では、「米及び他の食品の購入を変えず」の回答が44％と最も多く、また、年齢階層間で明確な格差があり、若い世代で少なく中高齢世代ほど多い。次に多い回答は、「（購入量を変えず）低価格米等（の代替購入）で米の購入額を減らす」であり29％を占める。年齢階層別には、上述とは反対に中高齢世代ほど少ないがその格差は小さい。

　そして、「米の購入量を減らす」及び「（米の購入額・購入量は変えずに）他の食品の購入（額・量）を減らす」という回答は、合計でともに13％と少ない。但し、前者の回答では20代以下が19％とやや多い。

　他方、**表5-5**の「米の価格が下がった場合」では、「米及び他の食品の購入を変えず」の回答合計が前表と同様に54％と最も多い。但し、「価格が上がった場合」よりも回答割合は10％も高い。そして、年齢階層別にも明確な格差があり、若い世代で少なく中高齢世代ほど多い。また、他の回答項目の割合は全体的に小さいのだが、年齢階層別では、「米の購入量を増やす」が20代以下（22％）で、「高価格米等で米の購入額を増やす」では20代以下と30代（ともに20％）が相対的に多い。

　以上のことから、価格変動に対して消費者の米の購買行動は全体として硬

表 5-5 「米の価格が下がった場合」の購買行動

(％)

年齢階層	合計	米の購入量を増やす	高価格米等で米の購入額を増やす	他の食品の購入を増やす	米及び他の食品の購入も変えず	その他
18〜29 歳	100.0	**21.7**	**20.1**	16.7	**41.3**	0.2
30〜39 歳	100.0	15.8	**20.1**	15.2	**48.0**	0.9
40〜49 歳	100.0	13.0	15.7	14.0	**56.9**	0.4
50〜59 歳	100.0	9.8	15.6	16.1	**57.7**	0.8
60 歳以上	100.0	7.7	17.2	11.7	**62.1**	1.2
合　計	100.0	13.1	17.5	14.6	**54.0**	0.7
（回答数）	2,597	340	455	380	1,403	19

直的であることが分かる。具体的には、回答者の半分前後は現状の購入（額・量）を変えないとしており、その割合は中高年世代で、また、価格下落時の場合に高い。さらに「購入量」の変動でみれば、「増やす」「減らす」の回答者はともに13％前後に留まっており、その割合が高い世代は20代以下に限定されている。要するに、同表のアンケート調査結果は、米が安（高）くなっても購入量は「ほとんど増え（減ら）ない」ことを示唆している。

　ここで、前掲**表5-5**において、価格下落時に「他の食品の購入を増やす」という回答割合に注目したい。当回答割合の14.6％は、「米の購入量を増やす」の13.1％よりもやや高い。仮に個人の食料消費量を一定とすれば、「他の食品」の消費を増やせば米の消費量は減るのではないだろうか。

　すなわち、「米が安くなれば、他の食品の購入（消費）が増えて、米の購入量はむしろ減る」可能性がある。言い換えれば、需要の所得弾力性がマイナスのもとで「価格低下による所得効果」の可能性である[4]。このような理解は、前掲**図5-1**が示す長期での米価の低下傾向と購入量減少の因果関係を部分的に説明してくれるように思われる。

　さらに、米の現在価格水準に対する消費者の評価を見てみよう。なお、アンケート調査実施前後（2020年1〜3月）の小売精米価格は、農水省「米に関するマンスリーレポート」で公表しているスーパー等の「POS取引平均価

表5-6　現在の米価に対する認識

(％)

年齢階層	高い	安い	適当	合計
18〜29歳	37.9	8.5	53.6	100.0
30〜39歳	34.4	5.4	60.3	100.0
40〜49歳	37.6	4.3	58.0	100.0
50〜59歳	41.5	3.6	55.0	100.0
60歳以上	37.0	7.2	55.8	100.0
合　計	37.9	5.7	56.4	100.0
（回答者数）	983	148	1,466	2,597

注）「購入経験者」での構成比である。

表5-7　妥当と思う米の価格帯（5kg当たり）

(％)

年齢階層	1,500円以下	〜2,000円	〜2,200円	2,201円以上	合　計
18〜29歳	24.5	38.9	24.0	12.6	100.0
30〜39歳	22.1	44.6	16.4	16.9	100.0
40〜49歳	19.0	48.2	16.2	16.6	100.0
50〜59歳	20.3	48.2	17.0	14.5	100.0
60歳以上	15.5	47.0	19.2	18.3	100.0
合　計	19.9	45.8	18.5	15.9	100.0
（回答者数）	269	619	250	215	1,353

注）前表で「高い」という回答者に対するアンケート結果を示す。

格」（全47銘柄平均）によれば、消費税込みの5kg袋販売時換算2,054〜2,080円であり、2014年以降では最も高い水準にあった。

　表5-6は、現在の米価が「高い」「安い」「適当」の選択式で問うた回答結果である。同表は、米の購入経験者での回答割合を示すが、いずれの年齢階層も「適当」が最も多く5割以上を占める。そして、「安い」が4〜9％とわずかで、「高い」が34〜42％を占める。「高い」の回答割合が大きい背景には、「POS取引平均価格」によれば、米価が2015年秋頃から上昇しはじめ、17年以降は2千円以上に高止まりしていた状況が影響したと思われる。

　また、同表で「高い」という回答者に対して、「妥当と思う価格帯」を選択させた結果が表5-7である。いずれの年齢階層も1,501〜2,000円に集中しているが、20代以下の39％に対して40代以上層では5割弱を占める。そして、20代以下ではかなり安値の1,500円以下が25％とやや多く、前掲表5-4、5-5でも確認できたように、若い世代は価格変動に対して敏感である。

一般に、消費者の割高（安）感は、「内的参照価格」（購買時の商品価格に対する判断・評価の基準価格）と実売価格との対比から生ずる[5]。南［4］（p.96）によれば、「米・牛乳の内的参照価格の多くは、消費者の経験に基づいて形成された経験的内的参照価格である」という。「POS取引平均価格」によれば、近年で精米小売価格が最も低かった時期は2015年の6～9月であり、1,800円前後で推移している。上述のように、「妥当と思う」価格帯が1,501～2,000円に集中していることから、回答者の多くは、近年の最安値を「内的参照価格」として判断したのかもしれない。

　なお、2,201円以上の高値を「妥当な価格」とした回答も全体の16％を占める。この価格帯は、「新潟コシヒカリ（一般）」の価格水準（20年1～3月2,222～2,250円）を含む。当該回答者の「内的参照価格」はかなり高く、高級銘柄米の需要層も一定程度存在することを同表は示している。

　以上のように、一部の若い世代を除けば、価格変動に対して消費者の多くは米の購入量を変えないことが分かる。そして、大半の消費者にとって、米が「安くなっても購入量を増やさない」のであり、「所得効果」によっては「さらに減らす」可能性すらあるといえよう。このような理解は、「家計調査」に基づく米消費の長期動向に関する先述の検討結果と符合する。

3　米飯「中食」に対する米価変動の影響

(1) 主食的調理食品の価格上昇と購入支出の動向

　ところで、家庭での米購入量の減少傾向は、「食の外部化」と強く関連している。第3章で詳しく検討したように、近年の外食支出は停滞基調にあるものの、中食（調理食品）支出は伸長し続けており、とりわけ米食を含む「主食的調理食品」の増大が顕著である。そして、米消費量の減少傾向の中で、近年は外食ではなく中食が米消費への貢献度を増している。そこで次に、「安くなれば米消費は増えるか」という観点から、食材としての米の価格変動と中食における米食との関係に着目してみよう。

（指数）　図5-5　米類等の消費者物価指数の推移（2015年=100）

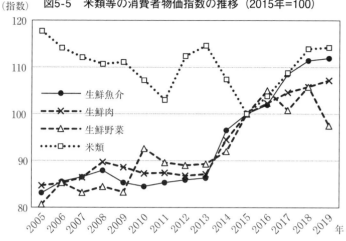

注）「家計調査」より作成。2015年基準の指数である。

　まず、近年、主要食材となる生鮮食品の価格は上昇傾向にあり、「主食的調理食品」への価格反映を通してその購入動向に影響していると想定される。いま、2015年基準の消費者物価指数を示した図5-5によれば、生鮮野菜の価格は14〜16年に、生鮮魚介及び生鮮肉では14〜19年に高騰しており、この間に2013年対比でおよそ15〜20％上昇している。

　これに対して米類は、前掲図5-1でも見たように2010年以降の価格変動が大きく、12・13年の高騰から14・15年に下落し、再び16年以降に上昇して19年は高止まりしている。

　このように、主要食材の価格は14年頃から全般的に高騰しており、それは同時期以降における調理食品価格の上昇をもたらしている。「主食的調理食品」の消費者物価指数では、19／13年対比で10.7％の上昇になる。品目別では、「幕の内弁当」12.2％、「にぎりずし（弁当）」16.2％、「おにぎり」15.9％、「調理パン」9.1％の上昇率になる。

　なお、同様の傾向は「外食」の価格動向においても確認できる。同年対比の物価上昇率で、「豚カツ定食」「天丼（外食）」等の多くの外食品目では8

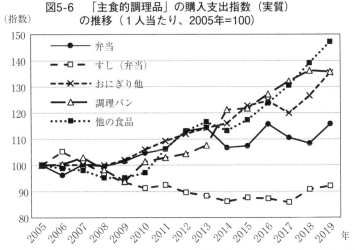

図5-6 「主食的調理品」の購入支出指数（実質）の推移（1人当たり、2005年=100）

注）出所は前図と同じ。「弁当」「すし（弁当）」「おにぎり他」「他の食品」
　　の支出は、それぞれ「幕の内弁当」「にぎりずし（弁当）」「おにぎり」
　　「主食的調理食品」の消費者物価指数で調整した。

％前後になり、「回転ずし」「焼肉（外食）」の場合では12％前後の高い上昇
率になる。

　このような調理食品の価格上昇は、家計の購入支出にどのように影響して
いるであろうか。図5-6は、「主食的調理食品」の各品目について、05年以
降の購入支出（実質ベース）の推移を示している。同図で、特に14年以降の
調理食品価格の上昇との関連で、品目ごとの購入支出の傾向的特徴を捉えて
みよう。

　まず、近年の購入支出で最も伸長した品目は、「主食的調理食品」支出（2019
年）の28.4％を占める「他の（主食的調理）食品」であり、19／10年対比
で約1.5倍に急増している。同品目には、ピザパイや冷凍食品、レトルト食
品などを含む。このうち、無菌包装米飯と冷凍米飯の場合、第2章（図
2-4）で確認したように、その生産量は2010年代に急増しており、両者とも
19／10年対比で1.8倍前後になる。

　また、「おにぎり他」（おにぎり、赤飯・山菜飯であり、冷凍を除く）と「調

理パン」は、「主食的調理食品」の9.7％、11.3％を占めている。その購入支出は、2010年頃から最近まで増大傾向にあり、19／05年対比でいずれも1.36倍に増えている。両者は、低単価の簡便主食品として代替関係にあるのだが、価格が上昇する14年以降になってもその購入はともに増大基調にあり、19／13年対比で前者が19％、後者は高く26％の増加率となる。

さらに、「弁当」と「すし（弁当）」は、「主食的調理食品」の主品目でありそれぞれ29.9％と20.6％を占める。「すし（弁当）」の場合、06〜14年は減少傾向にあり、14／06年対比で△13.6％の減少率になる。そのほぼ同時期に、「弁当」は反対に増大基調にあり、13／06年対比で15.4％の増加率である。その正反対の動向から、両者の間には、同じ高単価の米飯主食品として直接的な代替・競合関係が見られる。

そして、「すし（弁当）」の購入は、15年頃になると減少傾向が止まり、それ以降では横這い、そして18年からは微増へと転ずる。その反対に「弁当」は、以前の増大傾向から、14年以降では増減の変動を繰り返し、鳥瞰すれば横這いに近い状況に変わる。

その「弁当」購入の停滞状況には、代替関係にある「すし（弁当）」の動向変化に加えて、主食品としては競合しあう「おにぎり他」や「調理パン」、「他の食品」の高い伸び率が影響していよう。なお、単価の上昇は、競合関係にある他の調理食品の場合でも同様の状況にあるため、「弁当」購入の停滞要因が価格条件にあるとはいいがたい。

このように、米も含めて14年以降に食材価格の高騰が米飯食品の価格上昇をもたらしたものの、同食品の購入支出はその価格上昇とは無関係に推移している。その状況は、原材料としての米の価格変動が米飯中食の消費動向に影響していないことを意味しよう。

なお、統計上の制約から外食での同様の検討は断念せざるを得ない。但し、近年の主食的外食の価格は中食と同様に上昇しているが、外食支出の長期的な横這い傾向はむしろ家計収入の停滞状況との関連性が強い[6]。そのため、外食での米飯消費においても、米価変動との直接的な関係性は弱いと想定さ

れる。

　以上の価格変動に対する米消費状況の検討結果から、米価問題は消費者レベルではなく、中食・外食業者の経営事情にあると推察される。この点について、米飯惣菜企業の場合において検討してみよう。

(2) 米価上昇の米飯「中食」産業への影響

　日本惣菜協会『惣菜白書』によれば、「惣菜市場規模」[7]の約半分は「米飯類」が占めている。その「米飯類」の業態別シェア（2017年）では、惣菜専門店等40.1％、コンビニ31.8％、食料品スーパー 20.3％と推計している。日本惣菜協会は、協会加入の惣菜製造企業に自社の経営状況に関するアンケート調査を2018年１～３月に実施し、その結果を『惣菜白書』（2018年）に紹介している。そのさい、製造品の出荷高構成比に基づいて回答企業を次の３業種に区分する。

- ・「単品型」…米飯以外の１カテゴリーで50％以上を占める（米飯組合せ製品0.2％）
- ・「米飯型」…米飯１カテゴリーで50％以上を占める（同64.8％）
- ・「総合型」…１カテゴリーで50％以上を占めない（同30.2％）

　表5-8は、2016年度の実績で、各業種の惣菜部門売上高に占める製造諸費用等の構成比を示す。同表によれば、「米飯型」は原材料費の割合が62.5％と他の業種に比べて大きく、売上高対比の営業利益率が1.6％と極めて小さい。また、その原材料の品目別仕入れ高構成比では、**表5-9**に見るように、当該

表 5-8　惣菜製造企業における惣菜部門諸費用の売上高構成比（2016 年度）

(％)

業種区分 （回答数）	原材 料費	商品 仕入高	労務費	水道・ 光熱費	その他製 造費	販売・ 管理費	営業 利益	合　計
単品型（32）	47.5	2.8	20.1	2.9	8.2	15.6	2.9	100.0
米飯型（21）	62.5	1.0	12.7	1.7	6.3	14.1	1.6	100.0
総合型（21）	32.5	14.2	6.0	1.4	1.7	38.6	5.7	100.0

注）『惣菜白書』（2018 年）より引用・作成。「販売・管理費」は、原資料では「販売・一般管理費」をいう。計算値の合計は、ラウンドにより「合計」と一致しない。以下の表も同じ。

表 5-9　原材料の品目別仕入れ高構成比（2016 年度）

(%)

業種区分 （回答数）	魚介類	野菜類	畜産類	冷凍 食品	米	パン	調味料	のり	包材	その他	合　計
単品型（31）	3.3	23.3	7.3	8.2	0.3	0.0	14.8	4.7	12.6	25.5	100.0
米飯型（15）	8.0	8.9	10.8	6.5	31.7	4.8	3.6	8.7	10.4	6.6	100.0
総合型（18）	12.2	20.1	16.6	15.1	10.4	0.1	5.6	0.5	7.2	12.2	100.0

注）「冷凍食品」とは、原資料では「調理冷凍食品」をいう。

表 5-10　価格帯別の中食・外食向け米販売量及び検査数量の構成比

17/18 年販売の推計			18/19 年販売の推計		
相対取引の 銘柄価格帯 （17 年産 /60kg）	構成比（％）		相対取引の 銘柄価格帯 （18 年産 /60kg）	構成比（％）	
	中食・外食向け 販売量	検査数量 （17 年産）		中食・外食向け 販売量	検査数量 （18 年産）
16 千円以上	7	13	15,688 円以上	22	38
15,500 円～	21	27	15,688 円未満	78	62
15 千円～	50	35			
15 千円未満	22	25			
合　　計	100	100	合　　計	100	100

注）農水省「米に関するマンスリーレポート」（2019 年 3 月号、20 年 3 月号）より引用・
作成。業務用向けに販売された産地品種銘柄ごとに、17・18 年産の相対取引価格（年産
平均）を用いて、各年産の価格帯別の中食・外食向け販売量及び検査数量を推計してい
る。

業種の特徴を反映して米が31.7％と突出している。

　このことから、「米飯型」惣菜業種は他業種に比べて「薄利」経営であり、
特に「仕入れ米価の抑制」が収益確保のカナメであること分かる。なお、
2011・12年産米の高騰時に、中食・外食業界においては、「個食盛りつけ量」
を減らして対応（節米）した業者が多かったといわれる[8]。

　また、このような事情から、原材料米は家庭炊飯用に比べて価格が低いと
想定される。その状況は、米卸業者の中食・外食向け販売に関する農水省調
査[9]から確認できる。

　同調査結果では、主食用米として販売された産地品種銘柄に当年産の相対
取引価格（年産平均）を適用して、価格帯・銘柄別の販売シェアを推計して
いる。いま、表5-10によれば、17／18年（17年7月～18年6月）の販売構
成比は、検査数量（17年産での推計）の構成比が各価格帯に分散しているの
に対して、15,000～15,500円（消費税込み）／60kgの価格帯に5割が集中し

ている。この価格帯は、17年産の全銘柄平均価格15,595円に比べるとやや低い。また、18／19年の販売では、18年産の平均価格以下が78％を占めたのに対して、検査数量の構成比では62％と低い。

さらに、17／18年販売の価格帯別構成比を子細に見ると、平均価格より600円以上低い15千円未満の価格帯が22％を占めている。この低価格帯の需要層にとって、業務用向け銘柄米の価格上昇は経営への影響が小さくないと推察される。

4　結論―安さで米消費は増えない―

これまでの検討結果から、「安くなると米消費は増えるか？」という問いに関連して、改めて結論的にまとめると次のようになる。

まず、米の内食においては、「家計調査」での検討によれば、短期的には価格変動が購入量の増減に影響しているものの、価格低下時に「購入量が増える」ということではなく、「購入量の減少率が低下」するという程度にすぎない。そして、長期の価格下落傾向のもとで米購入量はほぼ直線的に減少し続けていることから、短期・長期ともに、価格低下が家庭での米購入量の「増加」にはほとんど寄与していないことになる。この「家計調査」での検討結果は、農水省の消費者アンケート調査結果と整合的であり、一部の若い世代を除けば、価格変動に対して消費者の米購入態度は極めて硬直的であった。

また、14年頃からの主要食材価格の高騰は米飯調理食品（中食）の価格を上昇させたが、冷凍米飯や「おにぎり他」の購入では増大し続け、お互い競合関係にある「弁当」と「すし（弁当）」では横這いないし微増傾向にある。そして、外食消費の動向は家計収入との連動性が強いことから、外食における米飯消費と米価変動との直接的な関係性は、米飯「中食」の場合と同様に弱いと想定される。

以上の検討から、米消費全般に対する米価変動の影響は小さいと結論でき

よう。そこで、米価の問題は消費者レベルではなく、中食・外食業者の経営事情にあると思われる。米飯型惣菜企業の場合では、薄利経営のもとで仕入れ米価の水準が収益性を左右している。そのため、低価格米志向が強く、米卸業界の中食・外食向け販売では、家庭炊飯用向けに比べて低い価格帯に偏っている。

　ここで、米飯「中食」に関して、その購入動向が米価変動と中立的である背景、従ってまた、原料米の価格低下が競合するパン（調理）食との競争力を向上させ、米飯「中食」の消費増大とはなり難い理由を指摘してみたい。

　まず、近年の米飯「中食」の価格上昇には、前掲**図5-5**で見たように、具材となる野菜類や魚介類、肉類の価格高騰も強く影響している。従って原材料米の価格低下は、当該業種の経営収支の改善には貢献しても、商品単価上昇の抑制効果としては微小に留まるであろう。

　また、米消費の減少は競合するパン消費の増大にも起因するのだが、そのパンの購入量は、近年、単価の上昇にも関わらず横這いに留まり、調理パンの購入支出では増大し続けている。すなわち、パン食は低価格化で伸長しているのではなく、その背景には、前掲**表5-3**「米の消費が減っている理由」で指摘したように、パン食嗜好の定着・拡大がある。

　2000年代初めのメロンパンやその後の本格フランスパンのブームがあり、そして13年頃から大手コンビニ等が売り始めた「高級食パン」が現在でもその人気を広めている。また、調理パンの分野では、和洋折衷の「惣菜パン」の新製品が絶えず登場し、「ご当地サンドイッチ・バーガー」や「和食サンド」の人気に加えて、最近はベトナム風など海外スタイルのサンドイッチブームが起こっている[10]。

　さらに、「家計調査」よれば、「パン」「調理パン」は主食品でありながら、次章で詳しく検討するが、その購入支出は収入規模に比例して上昇しており、嗜好食品的性格を帯びている。特に「調理パン」はその傾向が強く、「弁当」とは大きく異なる。

　要するに、米食からパン食への代替進展には、価格条件ではなく、主食品

目の多様化や簡便食化、嗜好品化が強く関係している。従って、米消費の展望は、原料米の安さではなく、各世代の多様な嗜好性や利便性等に即応した米飯調理食品（弁当やおにぎり等）の商品開発にこそあるといえよう。そのことは、第2・3章の末尾で指摘したように、2010年以降の米食「中食化」の進展が、中食産業の積極的な市場開拓の成果と考えられる点からも示唆されよう。

ところで、「安くなっても米消費は増えない」にしても、米価の低下は端的に国産米の需要拡大に結びつく市場部分がある。それは、中食・外食業界の一部が求める「超低価格米」の市場であり、輸入米の動向から確認される。

近年の相対取引価格の推移において、中食・外食向け販売の多い「青森まっしぐら」の場合、暴落時の14年産は1万円を割り全銘柄平均との価格差が2千円まで拡大した。そして、当年産より5千円以上も高騰した17年産ではその価格差が半分以下に縮小し、業務用主食米としての価格上の差別性が薄れた。

一方、SBS（売買同時入札）取引の輸入米は、14年産米の暴落時には1.2万トンまで減少したが、価格上昇とともに増大し、17年の輸入量はSBS枠上限の10万トンに張り付いた。従って、国内の業務用銘柄米が輸入米の価格水準まで下落すれば、14年時の状況を見る限り、10万トンに近い範囲以内で「国産米の需要は増える」といえそうだ。

但し、1万円程度の価格水準では、業務用米生産に特化した場合、現状では大規模稲作経営でも容易に破綻する[11]。低価格米需要に対しては、恵まれた圃場条件にある一部の水田経営で、当面は1万3千円台でも対応可能な生産性向上を目標とするのが現実的であろう。従って、主食用米として将来的にも数万トンの輸入はやむを得ないと思われる。

なお、直近の新型コロナウイルスの感染拡大は、外食の大幅な後退や消費支出の抑制などで、これまでの米消費の動向を変えるかもしれない。この点は、改めて次章及び補章で検討しよう。

（注）

（1）例えば、最近の農水省・政策審議会食糧部会における関係業界委員の発言に
　　散見される。また、吉田［2］（p.251）は、最近の「主食用米の価格上昇は、
　　加工用・業務用米の不足及び米消費減」をもたらし、「業務・加工用に輸入米
　　の使用量を拡大」させたという。

（2）当アンケート調査結果は、農水省「米の消費動向に関する調査の結果概要」
　　（2020年3月）に示されている。なお、当文献は、同省食糧部会（2020年3月
　　31日、持ち回り審議）における配布資料（参考資料5）としてHPで公開され
　　ている。

（3）パン食の定着に関して、興味深いアンケート結果がある。**表5-補**は、「未就学・
　　小中学時に主にパン食であった回答者」割合について、年齢階層別に示してい
　　る。同表によれば、学校給食で主にパン給食が普及していた50代・60歳以
　　上では、予想されるように、小学校就学中の昼食時のパン食割合は4割以上
　　と高い。反対に、米飯給食が支配的になる30代以下層では1割前後に低下する。

表5-補　未就学・小中学時に主にパン食であった回答者割合

(%)

回答者の 年齢階層	未就学児童時 （朝食）	小学校就学中		中学校就学中 （朝食）
		（朝食）	（昼食）	
18～29歳	35.8	39.9	9.8	37.4
30～39歳	36.9	39.4	12.1	41.2
40～49歳	33.5	35.2	24.8	36.3
50～59歳	28.6	31.8	41.6	33.8
60歳以上	16.2	18.5	44.7	22.7
合　計	30.1	32.9	27.0	34.2
（回答者数）	973	1,062	873	1,105

注）農水省「主食用米需要・消費動向に関する調査」（2020年3月）による。

　但し、40代以下層では、すでに未就学児童時から朝食時にはパン食であっ
た回答者の割合が3分の1以上を占め、50代においても小中学時には3割を
超えていた。これに対し60歳以上では、未就学・小学時代のパン朝食はいま
だ2割以下に留まっている。

　このような朝食の状況からみて、50代の約3～4割にとって、パンは主食
品として少年時代には定着していたといえる。そして、50代・60歳以上のパ
ン給食世代が家族をもったとき、その子弟（40代以下層）の4割前後は、未
就学・小中学時代の朝食がパン食になるほど、その主食化が強化された。要
するに、パン給食で嗜好強化された親世代が子弟世代にパン食を普及したこ
とになる。仮に、米飯給食が導入されなければ、50代の3割強ですでに小学
時に朝食・昼食ともパン食となっている状況が40代以下層に継承され、米消
費の減少を一層促進したかもしれない。

（４）例えば、米の価格低下が実質所得の増大をもたらし、下級財である米の消費
が減って上級財である牛肉等の消費が増える場合であり、エンゲル係数が高
いほどその可能性は大きい。そのさい、下級財の価格－需要関係は、右上が
りの屈折した需要曲線を描く。

（５）「内的参照価格」の概念の検討及び、米と牛乳の購買行動を対象とした消費者
の価格判断のメカニズムに関する実証的研究については南［４］を参照され
たい。

（６）「家計調査」によれば、「一般外食」の支出（実質ベース）は「実収入」の変
動とおおよそ連動して推移している。なお、「家計調査」（勤労者世帯、用途
分類、2019年）での「一般外食」の支出弾力性は1.49であり、「食料」0.69、「主
食的調理食品」0.46に比べて極めて高い。

（７）「惣菜市場規模」の概念及びその2000年以降の動向については、第２章の「４
中食産業の成長と業務用米需要の増大」を参照されたい。

（８）福田［１］（p.43～45）によれば、2012年に減らした「個食盛りつけ量」は、
14年産の米価下落時になっても「節米」したままの状態だという。

（９）農水省は、玄米取扱量４千トン以上の販売事業者に対して、中食・外食向け
販売量を15／16年度分から調査し、「米に関するマンスリーレポート」で公
表している。

（10）日本におけるパン食の普及に関する歴史的経緯については、阿古［５］が参
考になる。

（11）宮武［３］によれば、１万円弱の販売価格に耐えるには、15ha以上経営農家
の生産費を３割削減する必要があり、その削減目標は、大区画圃場を前提に
多収品種や直播の導入など、「基盤条件の整った大規模経営が新技術を用いて
ようやく達成できる水準」だという。

（参考文献）

［１］福田耕作「中食業界からみた米流通取引を巡る新たな動き」『米の流通、取引
をめぐる新たな動き（続）』（日本農業研究所シリーズ No.22）、2015年６月

［２］吉田俊幸「30年以降の米政策の矛盾及び政策課題」『米政策の見直しに関する
研究』（同上 No.23）、2018年６月

［３］宮武恭一「米市場の変化からみた水田農業の将来像と技術開発課題」、八木宏典・
李哉泫編『変貌する水田農業の課題』日本経済評論社、2019年

［４］南　絢子「生鮮食品購買における価格判断のメカニズム—米と牛乳を対象と
して—」、新山陽子編『消費者の判断と選択行動』（フードシステムの未来へ３）
昭和堂、2020年

［５］阿古真理『なぜ日本のフランスパンは世界一になったのか』NHK出版新書、
2016年

第6章

収入水準で異なる主食的消費

1　はじめに

　米の消費形態における内食・中食・外食の相対的比重は、家計の収入水準によっても異なると想定される。また、昨今の新型コロナウイルスの感染拡大に伴って、一部業種を除いて観光、宿泊・飲食サービス業界等の国内産業の不況拡大により失業率が上昇し、家計収入も総体的に減少の傾向にある。この経済環境の悪化は、感染リスクによる外食機会の縮小もあり、これまでの米の消費形態、特に米食の「中食化」に大きな影響を及ぼしていると推測される。その意味で、過去の米の消費形態と収入水準との関係を検討することは、現在進行中及び今後の米消費形態の変化を把握・展望する上で重要な示唆を与えてくれるものと思われる。

　そこで本章では、総務省「家計調査（二人以上・勤労者世帯、品目分類）」の統計に依拠して、主に2000年以降の動向から、米の消費形態と家計収入水準との諸関係を明らかにする。そして、その知見に基づいて、現況のウイルス禍のもとで収入水準の低下が米の消費形態に及ぼす影響について推察してみたい。なお、家計収入水準の規模は、「家計調査」の「年間収入5分位階級」を採用する。

　まず、各収入階級別の世帯属性（2019年）の特徴について、**表6-1**によって確認しておこう。

　収入規模階級間で特徴的な属性を指摘すると、世帯員数と有業人員は収入規模に比例しており、階級ⅠとⅤの間では世帯員数で0.50人、有業人員で0.42人の格差がある。逆に、65歳以上の世帯員数は収入規模に反比例しており、

表 6-1　収入階級別（勤労者世帯）の世帯属性（2019 年）

年間収入 5 分位階級		I	II	III	IV	V
境界収入（万円）		～462	～600	～749	～944	944～
世帯人員（人）		2.99	3.29	3.36	3.42	3.49
18 歳未満人員（人）		0.77	1.00	1.00	0.95	0.92
65 歳以上人員（人）		0.41	0.31	0.24	0.18	0.15
有業人員（人）		1.56	1.69	1.77	1.84	1.98
世帯主平均年齢（歳）		51.0	48.6	48.7	49.4	50.6
世帯主の年齢階層（%）	29 歳以下	6.0	2.5	2.0	0.9	0.1
	30～39 歳	19.2	24.8	20.6	14.4	8.8
	40～49 歳	21.9	29.9	33.0	37.9	34.1
	50～59 歳	15.8	18.0	23.7	32.6	44.7
	60～69 歳	29.4	20.0	17.6	12.3	11.3
	70 歳以上	7.6	4.7	3.0	2.0	1.0
	合　計	100.0	100.0	100.0	100.0	100.0
家計消費支出（指数）		100	108	119	135	167
食料消費支出（指数）		100	104	112	120	138
中食比（%）		14.2	13.8	13.6	13.0	12.5
外食比（%）		17.2	18.8	20.6	23.1	26.1
エンゲル係数		27.6	26.6	26.2	24.6	22.8

注）「家計調査（二人以上・勤労者世帯、品目分類）」（2019 年）より作成（以下の図表も同じ）。「消費支出」及び「食料支出」は、世帯員 1 人当たりの実績値で対比しており、階級 I を 100 とした場合の指数値である。また、「中食比」とは、「調理食品」の食料消費支出に占める割合である。なお、「境界収入」とは、例えば階級 II の「～600」の場合は「462 万円以上 600 万円未満」のことであり、他の階級表記の場合も同じ。

I は V より 0.26 人多い。

　世帯主の年齢構成に着目すると、I～III は 30～60 代に分散しており、そのうち I では 60 代（29.4％）、II・III では 40 代（29.9％、33.3％）の割合が最も高い。これに対して、IV・V では 40・50 代に 7～8 割ほど集中している。

　これらの有業人員数や世帯主年齢構成の差異が、収入規模に強く反映していると理解して良いであろう。但し、同じ世代であっても各収入規模階級に分散しており、特に世帯主 40 代層は全階級で約 22～38％を占める主要な年齢階層になっている。

　また、階級 I では、世帯主 60 代と 70 歳以上の構成比が合わせて 38％と他の階級より高いため、同階級の食料消費形態には、第 1・3 章で明らかにした中高年（者）世帯の特徴が反映されていると見るべきである。

　さらに、食料消費状況に関して同表によれば、世帯員 1 人当たりの消費支

表6-2　1人当たりの米購入等支出指数の推移（収入階級別、2000年=100）

	年	平均	I	II	III	IV	V
米購入	2000	100	100	100	100	100	100
	2005	81	81	87	83	76	79
	2010	72	72	73	74	69	70
	2015	**57**	**60**	**56**	**55**	**60**	**52**
	2019	62	72	68	60	60	55
米食品	2000	100	100	100	100	100	100
	2005	109	106	105	104	121	110
	2010	109	106	103	103	115	115
	2015	117	112	114	114	124	120
	2019	**132**	**133**	**132**	**130**	**137**	**128**
外食	2000	100	100	100	100	100	100
	2005	100	90	96	97	104	105
	2010	102	91	98	98	106	113
	2015	112	96	106	108	114	**126**
	2019	100	90	96	97	104	105

注）各指数は、2000年の購入支出額を100とした相対値である。

出及び食料支出は、階級Iの実数値＝100の指数対比で見ると収入規模階級に比例している。但し、食料消費支出は家計消費支出よりも階級間の格差は小さい。

　また、中食比（調理食品／食料消費支出）及びエンゲル係数（食料消費／家計消費支出）は収入規模に逆比例し、反対に外食比は収入規模に比例して上昇している。そして、外食比の階級間格差は、エンゲル係数及び中食比よりも大きく、階級I（17.2％）とV（26.1％）の間では1.5倍の違いがある。このことから、特に外食依存度は、若い世帯主の「二人以上世帯」（第3章の**表3-1**参照）及び「単身世帯」（第4章の**表4-1**参照）で高いのだが、それには収入水準も強く影響していることが分かる。

　ここで、各階級の米購入（内食）、米食品（弁当、すし、おにぎり等）及び外食の動向について概観しておこう。**表6-2**は、各購入（消費）支出（1人当たり）の約5年おきの推移について、2000年の実数値を100とした相対指数で示している。これよれば、米購入の支出は、いずれの階級も15年までは同程度の減少傾向にあり、00年対比で△55％～△60％の減少を示す。なお、19／15年では増大に転じているが、第3章で指摘したようにこの時期の米

価上昇によるものである。

これに対して米食品（中食）では、いずれの階級も05／00年と19／10年の間で上昇傾向にあり、特に後者の増加度が大きい。なお、19／00年対比では、増加度最大の階級Ⅳで37％、最小のⅤでも28％の増加率になる。

また、外食支出では、ⅣとⅤでは15年まで上昇傾向にあるが、他のⅠ～Ⅲ階級では、05年以降は15年次の微増を無視すればほぼ横ばい状況にある。同階級は、19／00年対比では00年水準を下回り、指数では90～97になる。

以上のことから、いずれの階級も内食（購入）では米消費を大幅に減らしたのだが、その減少分の一部は、特に2010年以降に米食品の増大をもたらした。但し、外食（での米食）増には、15／10年の一時期を除けばほとんど寄与していない。

以下、それぞれの米消費形態の収入階級別特徴について、さらに詳しく検討してみよう。

2　米とパンの収入規模別の購入量は正反対

最初に、内食としての米の購入状況について他品目との対比で取り上げてみたい。まず、穀類購入の品目別支出の構成比（2019年）では、いずれの収入規模階級もパンが約４割以上を占めて最も高い。そして、その割合は収入規模に比例して高く、階級Ⅴでは45.2％を占めており、米・麺類より２割前後も上回る。

それに対して、米の購入割合では逆比例の関係にあり、Ⅰの購入割合が30.6％と最も高く、最も低いⅤでは26.0％になる。麺類の割合も収入規模におおよそ比例しているが、その収入階級間の格差は2.1％以内と小さい。

このように、金額ベースの内食では、いずれの収入階級もパンが主食的地位にあるといえる。この点について、購入量ベースで再確認してみよう。

まず、2019年の実績を示した**表6-3**によれば、米の購入量（指数）では階級Ⅰ～Ⅳの間で逆比例的な関係がある。一方、他の品目では傾向性が明瞭で

表 6-3　穀類品目別の購入量等（1 人当たり、収入階級別、2019 年）

	収入階級	I	II	III	IV	V
購入量 （kg／人）	穀類計	47.0	46.3	45.5	45.1	45.0
	米	19.7	19.0	17.7	17.0	17.8
	パ　ン	13.8	14.1	15.1	15.1	14.8
	麺　類	11.0	10.7	10.2	10.6	9.5
	その他	2.5	2.5	2.5	2.4	2.8
指　数 （I＝100）	穀類計	100	98	97	96	96
	米	100	96	90	87	91
	パ　ン	100	102	109	109	107
	麺　類	100	97	93	96	87
	その他	100	99	99	94	110
構成割合 （%）	穀類計	100.0	100.0	100.0	100.0	100.0
	米	41.9	40.9	38.9	37.8	39.7
	パ　ン	29.3	30.5	33.1	33.4	32.9
	麺　類	23.4	23.2	22.5	23.5	21.2
	その他	5.4	5.4	5.5	5.3	6.2

注）「麺類」にはそばを含む。また、「指数」は 29 歳以下の購入量を 100 とした相対値である。なお、「購入量」の「穀類計」及び「構成割合」の各項目は、ラウンドにより表記上の計算値と合致しない。

ない。「パン」では I・II と III～V の間で 5～7 の指数格差があり、「麺類」では V だけが低く、V／I の指数対比では 87 になる。「その他」では逆に V だけが高く、V／I 対比で 110 となる。

　以上の状況は、品目別の構成割合においても同様である。そして、各階級の米購入量の構成割合は約 38～42% の範囲内にあり、購入量ベースではどの階級もいまだ米が主食的地位にあることを示す。

　但し、階級別統計の実数値は年次ごとの変動が大きいので、2015～19 年の 5 年間の平均値で改めて収入規模間格差の状況を捉えてみよう。

　図 6-1 は、世帯員 1 人当たり品目別購入量の収入規模間格差について、各品目の階級 I の購入量（2015～19 年の平均値）を 100 とした場合の各階級の相対指数で表している。なお、米・パン・麺類の穀類 3 品目に加えて嗜好食品的な生鮮肉も示している。

　同図によれば、米・麺類の購入量は収入規模に反比例的である。但し、米の場合、詳しく見れば階級 III～V はおおよそ横ばい状況にあり、収入規模が一定程度以上の世帯では米の購入量は家計収入に中立的であることを示して

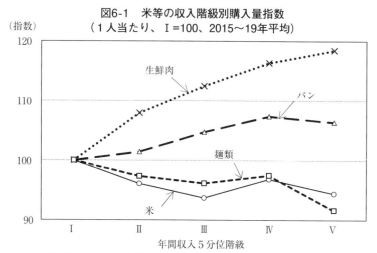

図6-1　米等の収入階級別購入量指数
（1人当たり、Ⅰ＝100、2015〜19年平均）

（指数）

生鮮肉

パン

麺類

米

年間収入5分位階級

注）「指数」は、収入規模階級Ⅰの実数値を100とした場合の相対値である。
以下の図も同じ。

いる。この点は、前表で確認した米の購入割合の傾向と似ている。

　これに対して、嗜好食品的な生鮮肉は収入規模に比例して上昇しており、
Ⅴ／Ⅰ対比で1.18倍の格差がある。パンについても、Ⅰ〜Ⅳの間は収入規模
に比例して購入量が増大しており、Ⅳ／Ⅰ対比では1.07倍の差異がある。こ
の点から、価格変動に加えて収入水準との関係からも、パンは主食品（穀物）
であるにも関わらず、やや嗜好食品的な性格を備えている。

　また、購入単価（15〜19年の平均値）の収入規模間の相違について**図6-2**
で見てみよう。いずれの品目も収入規模に比例して上昇しているが、その上
昇度では、生鮮肉＞パン＞麺類＞米という格差がある。階級Ⅴの指数で品目
別に対比すると、生鮮肉・パンの117、113に対して、麺類・米は108、106と
購入単価の階級間格差が小さい。このことは、米購入に対する消費者の高級
品志向は、嗜好食品的なパンに比べてかなり小さいことを意味する。

　次に、穀類3品目の購入量の動向を**表6-4**で確認してみよう。同表は、各
品目購入量（1人当たり）の約5年おきの推移について、2000年の購入量を
100とした相対指数で示している。

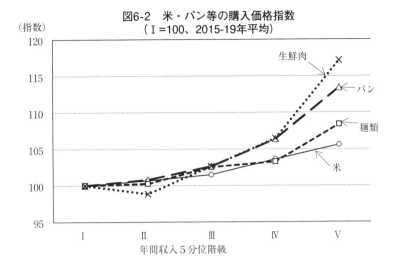

図6-2　米・パン等の購入価格指数
（Ⅰ=100、2015-19年平均）

表6-4　穀類3品目の購入量指数の推移
（1人当たり、収入階級別、2000年=100）

	年	平均	Ⅰ	Ⅱ	Ⅲ	Ⅳ	Ⅴ
米	2000	100	100	100	100	100	100
	2005	89	91	95	90	83	87
	2010	83	87	84	85	79	80
	2015	71	77	70	69	76	65
	2019	68	77	75	66	63	62
パン	2000	100	100	100	100	100	100
	2005	118	123	123	115	113	119
	2010	120	126	127	116	115	120
	2015	122	128	124	115	124	121
	2019	123	128	125	122	119	121
麺類	2000	100	100	100	100	100	100
	2005	106	109	106	104	103	107
	2010	109	114	108	110	107	106
	2015	104	113	101	100	107	101
	2019	99	109	103	94	99	94

注）各指数は、2000年の購入量を100とした相対値である。

　これよれば、米の購入量は全階級とも一貫して減少傾向にあり、その減少
度は収入規模に比例して大きく、19／00年対比の指数で階級Ⅰの77に対し
てⅤは62と低い。

　パンの場合では、19／00年対比でいずれの階級も増大しているが、その

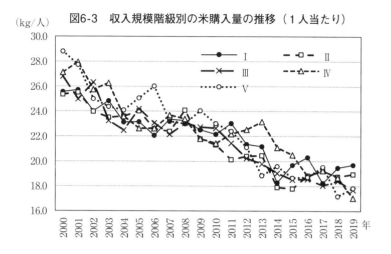

（kg/人）　図6-3　収入規模階級別の米購入量の推移（１人当たり）

増加率（19〜28％）は収入階級に逆比例している。但し、大きく増大した時期は、いずれの階級も05／00年であり、それ以後はおおよそ横ばいないし微増の状況（19／15年に増大しているⅢが例外的）にある。

　麺類では、階級Ⅴが05年以降に減少傾向にあるものの、他の階級では傾向性があまり明瞭でない。しかも、19／00年対比でみれば、米・パンに比して購入量の変動幅が小さい。

　このように、各階級の穀類購入量の動向においては、米の減少傾向だけが顕著で、パン・麺類の変動は相対的に小さい。

　ここで、特に米の購入量について、2000年以降の動向を年次別に詳しく見てみよう。**図6-3**は、収入階級別の米購入量（１人当たり）の推移を示しているが、全階級とも年次ごとの小刻みな増減変動を繰り返しながら、鳥瞰すれば直線的に下降している。要するに、収入規模とは無関係に、あるいは収入規模が低くても米の購入量は減少し続けている。

　なお、同図から階級ⅠとⅤを抜き出して直接対比させてみよう。改めて作成した**図6-4**において、両者の折れ線グラフに決定係数の高い回帰直線が描ける。その傾斜度の対比から、階級Ⅰの減少率（△0.35kg／年）よりもⅤ

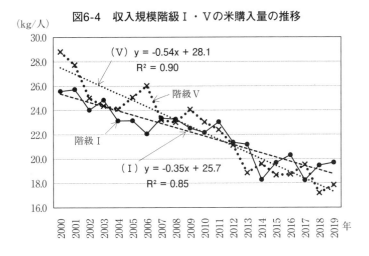

図6-4　収入規模階級Ⅰ・Ⅴの米購入量の推移

（kg/人）

（Ⅴ）y = -0.54x + 28.1
R² = 0.90

階級Ⅴ

階級Ⅰ

（Ⅰ）y = -0.35x + 25.7
R² = 0.85

の減少率（△0.54kg ／年）が高く、収入規模の高い世帯のほうが米の購入
量を大きく減らしてきたことが分かる。

3　弁当と調理パンの購入支出は収入規模に比例

　次に、米消費の中食化に関してその収入規模間の特徴を捉えてみよう。ま
ず、各収入規模階級の中食比（調理食品／食料消費支出）の動向について**図
6-5**で確認してみたい。

　各階級の中食比とも年次ごとの増減変動は小さくないのだが、鳥瞰すれば
全階級ともおおよそ右上がりの上昇傾向にある。但し、子細に見れば08年前
後と13年（Ⅰを除いて）に落ち込みがある。

　また、おおよそいずれの年次でも収入規模にほぼ反比例した階級間の格差
があり、ⅠとⅤの間ではおよそ1〜2％の格差内で推移している。詳しく見
ると、16年ないし17年以降はⅡとⅢ及びⅣとⅤの格差は縮まってきている。

　ここで、中食のうち主食的調理食品の購入動向について**図6-6**で見てみよ
う。同図は、各階級の購入支出の推移について、2000年の階級Ⅰの購入支出

図6-5　収入規模階級別の中食比の推移

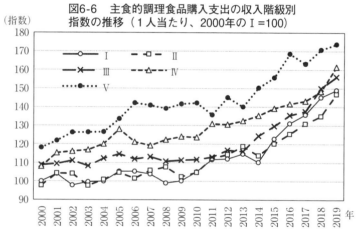

図6-6　主食的調理食品購入支出の収入階級別
　　　　指数の推移（1人当たり、2000年のⅠ=100）

（1人当たり）を100とした場合の相対指数で示している。これによれば、Ⅰ・
Ⅱは09年まで、Ⅲは11年頃までは横ばい状況にあり、それ以降になると両者
とも増大傾向に転じている。これに対して、Ⅳ・Ⅴは00年代前半に他の階級
に先行して増大しており、00年代後半に横ばい状況になるものの、11年ない
し12年頃から再び増大傾向に変じている。

　その結果、収入規模間格差は00年代前半に拡大して、00年代後半にはⅤ／

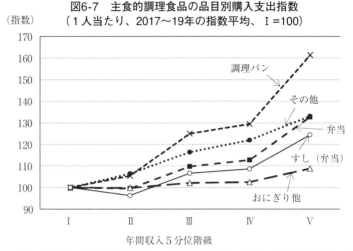

図6-7　主食的調理食品の品目別購入支出指数
（１人当たり、2017～19年の指数平均、Ⅰ＝100）

（指数）

年間収入５分位階級

注）「指数」は、収入規模階級Ⅰの実数値＝100とした場合の相対値を2017～19年
　　の３カ年平均で算出した。

　Ⅰ対比で約1.4倍に開く。その後、階級Ⅰ～Ⅲの顕著な増大傾向により、階
級間の格差は縮小してきている。

　また、主食的調理食品の購入支出について、品目別に収入規模間の特徴を
見てみよう。**図6-7**は、各品目購入支出額の収入階級別指数（Ⅰ＝100）に
ついて、その2017～19年の３カ年平均値をグラフ化している。これによれば、
各品目とも収入規模に比例してその指数は上昇している。その上昇度には、
「おにぎり他」＜「すし（弁当）」＜「弁当」＜「その他」＜「調理パン」と
いう序列の品目別格差がある。

　特に、「調理パン」は階級Ⅴ／Ⅰ対比で約1.6倍の際だった格差がある。「調
理パン」の購入支出額（１人当たり）は、第３章の世帯主年齢階層別の検討
では50・60代層の世帯が顕著であった（第３章の**表3-6**参照）。このことから、
「調理パン」の購入支出の水準には、世帯主年齢に加えて収入水準も強く影
響している。

　次に、各品目購入の収入階級別の動向について検討してみよう。まず、**表
6-5**の2019年の実績によれば、調理食品の支出合計に占める主食的調理食品

表6-5　主食的調理食品の品目別購入支出の構成比（2019年）

(％)

収入5分位階級	I	II	III	IV	V
主食的／調理食品	43.3	42.7	42.2	42.9	41.5
主食的調理食品	100.0	100.0	100.0	100.0	100.0
うち弁当	30.7	29.1	30.6	29.3	30.0
すし（弁当）	21.4	20.6	19.8	20.9	20.4
おにぎり他	10.4	10.1	9.9	9.6	8.9
調理パン	10.1	10.6	11.2	11.5	12.8
その他	27.4	29.6	28.5	28.7	27.9

注）「主食的／調理食品」とは、調理食品の購入支出計に占める主食的調理食
　品の支出割合をいう。

　の割合では、収入規模階級間の差異は小さく、平均値（42.5％）の±1％以
内にある。そして、品目別の購入構成比では、いずれの収入階級も「弁当」
が約3割と最大で、以下、「その他」28％前後、「すし（弁当）」約2割と続き、
この3者で全体の約8割を占める。そして、「弁当」と「すし（弁当）」の割
合では階級間の差異はほとんどなく、「その他」でもⅡがやや高いものの他
階級との格差は小さい。

　これに対して、「おにぎり他」と「調理パン」の割合では、明瞭な階級間
格差があり、前者では収入規模に逆比例的であり、反対に後者では比例的で
ある。階級Ⅰでは両品目とも主食的調理食品の約1割を占めるが、Ⅴでは「お
にぎり他」がⅠより1.5％下回り、「調理パン」は反対に2.7％上回る。このよ
うな両者の収入階級間格差の相違は、内食における先述の米とパンの購入関
係と似て、「おにぎり他」に対して「調理パン」が嗜好食品的であることを
意味している。

　また、品目ごとの購入支出の増減動向を**表6-6**で確認してみよう。同表は、
各品目購入支出（1人当たり）の約5年おきの推移について、2000年の実数
値を100とした相対指数で示している。

　同表によれば、まず、「弁当」では、特に2010年以降になっていずれの階
級も購入支出を増大させている。但し、Ⅲ～Ⅴの増加度が大きく、19／00
年対比で1.5倍前後になる。また、「すし（弁当）」では、Ⅰで19／15年に約
2割増加させている以外は、横ばいないしやや減少しており、いずれの階級

表6-6　主食的調理食品の品目別購入支出指数の推移
（1人当たり、収入階級別、2000年=100）

	年	平均	I	II	III	IV	V
弁当	2000	100	100	100	100	100	100
	2005	112	104	98	112	128	118
	2010	120	108	109	117	128	135
	2015	127	107	113	125	146	143
	2019	143	129	132	147	152	152
すし（弁当）	2000	100	100	100	100	100	100
	2005	102	107	105	92	111	96
	2010	92	99	98	81	96	91
	2015	95	105	101	93	92	90
	2019	107	126	117	99	108	94
おにぎり他	2000	100	100	100	100	100	100
	2005	127	111	128	116	137	139
	2010	127	114	119	124	132	145
	2015	155	148	159	145	162	160
	2019	182	169	182	180	188	186
調理パン	2000	100	100	100	100	100	100
	2005	115	112	118	112	116	118
	2010	126	132	123	108	127	142
	2015	164	186	169	143	161	170
	2019	191	210	193	177	182	200
その他	2000	100	100	100	100	100	100
	2005	111	101	111	106	112	121
	2010	108	95	106	101	109	127
	2015	136	137	134	125	130	152
	2019	177	177	189	167	171	182

注）各指数は、2000年の購入支出を100とした相対値である。

でも他品目に比べて変動幅が小さい。そして、「おにぎり他」及び「調理パン」、「その他」の購入支出では、いずれの収入階級も大幅に増大傾向にあり、19／00年対比で約1.7〜2.1倍に増えている。

　これらの中で、特に「弁当」の階級間格差が大きく、高い収入規模階級の増加度が顕著である。一方、世帯主年齢階層別の「二人以上世帯」では、2010年以降に世帯主50代以上層で急増している（第3章の**表3-7**参照）。このことから、近年の「弁当」の購入支出増には、世帯主世代に加えて収入水準も影響しているといえよう。

4　収入規模で大きく異なる外食品目

　最後に、外食消費の収入規模別の相違を検討してみよう。まず、階級別の外食比の動向を**図6-8**で見てみると、外食比の高さはおおよそいずれの年次も収入階級に比例している。但し、階級間の外食比の格差は拡大傾向にあり、Ⅰが17％前後に、Ⅱがほぼ19％台の横ばいで推移しているのに対して、他の階級（Ⅲは13年まで）は上昇傾向にある。特に、階級Ⅴは00年の20.9％から19年には26.1％へと上昇幅が大きい。

　次に、「食事代」（主食的外食）の品目別特徴を見てみよう。「食事代」の品目別支出構成比は、2019年の実績で麺類11.9％、すし（外食）9.6％、和食15.2％、中華食3.3％、洋食9.2％、焼肉5.3％、ハンバーガー 4.0％、その他41.4％となる。そのうち、「すし（外食）」、「和食」、「中華食」、「洋食」、「焼肉」の5品目について、その収入規模階級間の特徴を捉えてみよう。

　図6-9は、各品目消費支出の階級別指数（Ⅰ＝100）について、その2017〜19年の3カ年平均値をグラフ化している。これによれば、各品目ともその指数は収入規模に比例して上昇しており、全体として収入規模階級間の格差は前掲**図6-7**に示す主食的調理食品よりも大きい。

　但し、その品目別格差の状況は階級間でやや異なり、階級Ⅲでは「すし（外食）」・「和食」＜「焼肉」・「中華食」・「洋食」のほぼ2分類品目間の格差になり、Ⅳでは「すし（外食）」＜「和食」＜「焼肉」・「中華食」・「洋食」のほぼ3分類品目の間で格差が見られる。これに対しⅤでは、「すし（外食）」＜「和食」＜「焼肉」＜「中華食」＜「洋食」という各品目間で明瞭な格差がある。要するに、収入規模に比例して主食的外食品目間の格差が拡大・分散する。特に「洋食」の場合、階級ⅠとⅤの対比ではその消費支出格差が2.25倍と突出している。

　また、食事代の品目別構成について、2019年の実績を示した**表6-7**で見てみよう。まず、外食に占める食事代の割合はⅠでやや高いが、階級間の差異

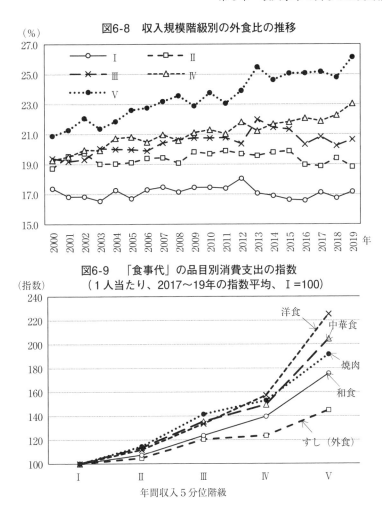

図6-8　収入規模階級別の外食比の推移

図6-9　「食事代」の品目別消費支出の指数
（1人当たり、2017～19年の指数平均、Ⅰ=100）

年間収入5分位階級

は小さい。そして、品目別の構成比では、2割以上を占める「すし・和食」と3％台前半の「ハンバーガー」は収入規模に反比例的である。これに対し、「他の主食的外食」の構成比は収入規模階級に比例的であり、これら以外の3品目では階級間の格差が小さい。

　この中で、「すし・和食」の消費支出割合に関しては、第3章（**表3-8**）で60代・70歳以上で高いことが確認されている。階級Ⅰ・Ⅱの世帯には60代

表 6-7　食事代の品目別内訳（収入階級別、2019 年）

(％)

構成比	I	II	III	IV	V
外食／食費支出	17.2	18.8	20.6	23.1	**26.1**
食 事 代／外食	**80.1**	75.5	75.9	75.8	76.6
食 事 代	100.0	100.0	100.0	100.0	100.0
中華そば等麺類	12.1	11.8	12.4	12.3	11.2
すし・和食	**26.6**	**26.6**	25.7	24.8	22.5
洋食・焼肉	14.4	14.1	14.5	14.7	14.7
中 華 食	3.1	3.0	3.2	3.5	3.4
ハンバーガー	4.8	5.2	4.6	3.8	3.0
他の主食的外食	39.0	39.3	39.5	40.9	**45.1**

注）「中華そば等麺類」は「日本そば・うどん」、「中華そば」、「他の麺類外食」
との合計値、「すし・和食」は「すし（外食）」と「和食」の合計値、「洋
食・焼肉」は「洋食」と「焼肉」の合計値を示す。

表 6-8　食事代の品目別購入支出指数の推移
（ 1 人当たり、収入階級別、2000 年＝100）

	年	平均	I	II	III	IV	V
食事代	2000	100	100	100	100	100	100
	2005	99	90	96	96	103	105
	2010	101	89	99	98	102	111
	2015	111	97	109	109	111	121
	2019	118	113	107	113	**123**	128
すし・和食	2000	100	100	100	100	100	100
	2005	98	100	92	96	105	96
	2010	96	92	98	92	98	100
	2015	109	111	113	108	108	107
	2019	118	**124**	116	118	**126**	110
洋食・焼肉	2000	100	100	100	100	100	100
	2005	118	108	109	121	124	119
	2010	129	116	112	126	138	**143**
	2015	150	123	125	**156**	163	166
	2019	152	149	120	**149**	163	168

注）各指数は、2000 年の購入支出を 100 とした相対値である。

以上の世帯員が多いことから、その世帯属性が同階級の「すし・和食」割合
の高さに反映しているのかもしれない。

　さらに、2000年以降の品目別消費支出の動向を**表6-8**で見てみよう。まず、
「食事代」としては、Ⅰ～Ⅳでは05／00年で減少、10／05年では微増減、
10年以降から増大傾向になっている。これに対し、階級Ⅴは一貫して増大傾
向にある。

　これを品目別に見ると、「すし・和食」では、Ⅰ・Ⅳで19／15年に増大し

ている以外は変動幅が小さい。これに対し「洋食・焼肉」は、19／00対比
では、Ⅱを除く他の階級では約1.5～1.7倍と大幅に増大している。子細に見
ると、Ⅲ～Ⅴは15年までは急増しているが、それ以降は微減ないし横ばい状
況にある。一方、Ⅰは15年まで緩やかな上昇傾向にあったが、19／15年で
急増している。

　このことから、「洋食・焼肉」の消費支出の増大傾向には、第3章（**図
3-2**）の検討によれば50代以上層で顕著なのだが、世帯主年齢に加えて収入
規模も影響している。

5　おわりに―「中食化」のゆくえ―

　これまでの検討から、米の消費形態（内食、中食、外食）に対する収入水
準の影響に関して、特徴的な点を改めて整理してみよう。
　まず内食に関して、米の購入量は収入規模に反比例的であるが、収入規模
が一定程度以上になると家計収入に中立的である。この点は、穀類に占める
米の購入割合についても当てはまる。これに対してパンは、収入規模に比例
して購入量が増大しており、主食品（穀物）であるにも関わらず生鮮肉と似
てやや嗜好食品的な性格を備えている。また、穀類各品目の購入単価は収入
規模に比例しているが、パンよりも米の収入規模間格差が小さい。このこと
からも、購入米に対する消費者の高級品（＝高単価）志向は、嗜好食品的な
パンに比べてかなり小さいといえる。
　さらに、米の購入量は、いずれの収入規模階級もほぼ直線的に減少し続け
ている。但し、収入規模の高い世帯が低い世帯よりも米の購入量を大きく減
らしている。
　次に、中食（調理食品）に関して、まず中食比については、2000年以降、
収入規模にほぼ反比例した関係が持続している。但し、1人当たり購入支出
額で対比した場合では、主食的食品である「弁当」「すし（弁当）」「おにぎ
り他」「調理パン」の購入支出は、いずれも収入規模に比例している。特に「調

理パン」の場合、収入規模階級間で大きな格差があり、「パン」と同様に嗜好食品的な特徴を帯びている。

　また、主食的調理食品の支出動向においては、「弁当」の場合、高い収入規模階級ほどその購入支出の増加度が大きい。但し、他の品目に関しては収入水準との関係は弱い。

　さらに、外食消費に関しては、まず外食比が収入規模階級に比例しており、しかもその規模間格差は拡大傾向にある。言い換えれば、高収入世帯ほど外食依存度が強まっている。また、主食的外食（食事代）の品目別状況では、いずれの品目も消費支出額が収入規模に比例して上昇しており、その収入規模間格差は主食的調理食品よりも大きい。特に、「焼肉」や「中華食」、「洋食」で顕著な支出格差がある。

　以上の検討結果に基づいて、「新型コロナウイルス感染禍」不況による収入（所得）水準の低下が、米の消費形態ないし主食的消費に及ぼす影響について考えてみたい。

　まず、収入規模の高い世帯は、低い世帯よりも米の購入量を大きく減らしていることから、収入水準の低下は米購入の減少度を弱めるかもしれない。但し、他方で収入規模に関係なくいずれの世帯も米の購入量は減り続けていることから、一時的にはともかく、減少傾向それ自体が変わることはないであろう。

　そして、米（内食）・米食品（中食）とは異なって、主食として競合関係にあるパン（内食）及び「調理パン」（中食）の購入には、収入規模に対して強い比例的な関係があった。この点で、収入水準の低下は、パン類食品の一部需要を米消費に向かわせるかもしれない。

　また、中食比は収入規模に対して反比例的だが、逆に外食比は強い比例的な関係があった。このことから、収入（所得）水準の低下は、ウイルス感染リスクによる外食機会の縮小と相まって外食費及び外食比を大幅に低下させ、反対に中食比を上昇させるであろう。

　さらに、特に「弁当」「調理パン」「洋食・焼肉（外食）」の消費支出にお

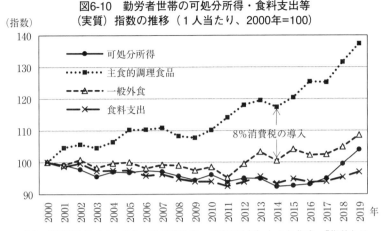

図6-10　勤労者世帯の可処分所得・食料支出等
（実質）指数の推移（1人当たり、2000年＝100）

注）「家計調査（二人以上・勤労者世帯、用途別分類）」より作成。「指数」は、
　　2000年の実数値（1人当たり、物価調整済み）を100とした相対値である。

いては、収入水準が強く影響しているため、収入水準の低下はこの3品目の
消費を抑制するであろう。但し、当該品目の消費増大が顕著である中高年層
世帯には、不況の影響が小さいと推察される年金生活者が多いため、同世代
の消費傾向は今後も大きく変わらないと予想される。

　ところで、主食的調理食品の各品目については、第3章での検討結果によ
れば、年齢階層別に嗜好性の相違があり、世帯主世代間で購入支出格差が大
きい品目もあった。そのため、主食的「中食」全体の消費動向に対して、所
得水準の変動がどの程度影響するのかは予想し難い。そこで、これまでの当
該食品の購入支出と可処分所得の変動との関係性から推察してみよう。

　図6-10は、「家計調査」（二人以上・勤労者世帯、用途別分類）に依拠して、
食料及び主食的調理食品、一般外食（学校給食を除いた外食）の支出と可処
分所得について、2000年以降の動向を示している。同図は、4者の所得・支
出額（1人当たり）の推移を15年規準の物価で調整し、00年の実績値との相
対指数で示したグラフである。

　これによれば、可処分所得は2014年までは低下傾向にあり、それ以後から

徐々に上昇に転じ、18・19年で大きく上昇している。そして、食料支出の動向はこの可処分所得の推移に連動しており、両者の指数は最近の17年まではほぼ重なっている。また、一般外食では、11年までは低下傾向にあり、以後になっておおよそ上昇傾向にある。その上昇開始時期にややずれがあるものの、大まかな傾向としては可処分所得と似た動向を示している。

これに対して主食的調理食品の場合は、03年と08・09年、14年にやや落ち込んでいるが、鳥瞰すれば2000年頃からすでに上昇傾向にあり、その上昇度が10年頃から増している。要するに、主食的調理食品の購入出は、可処分所得の変動とはほぼ無関係に増大している。但し、上述年次の購入支出の落ち込みには、08・09年のリーマンショック不況や14年の消費税率引き上げが影響していると推察される。

以上のことから、主食的調理食品（米食品及び調理パン等）の消費は、米購入（内食）や主食的外食とは異なって、所得水準の低下で一時的にやや鈍化することはあっても、全世代的な増大傾向に加えて、特に中高年齢層世帯で同品目に対する強い嗜好性があり、今後とも伸び続けるように思われる。但し、このような推測は、ウイルス感染禍の収束状況や経済不況の深度、米や調理食品等の価格変動によっても異なってこよう。

補章

新型コロナウイルス禍の米食の変容

　2020年の２月下旬以降、国内における新型コロナウイルスの感染拡大及び
その政策的対応は、国内産業及び国民の社会生活に大きな影響を与えている。
特に３月から５月にかけての一連の政策的措置、具体的には、３月初めから
の小中高の一斉休校や３月末の大都市での外出自粛の要請、４～５月の「緊
急事態宣言」は、地方・中央の主に都市住民に対して「巣ごもり」生活を強
いた。６月以降になって、行政の規制・要請が緩和されたものの、ウイルス
感染拡大が収束する傾向のない状況下で、依然として国民の食料消費行動は
大きく制約されている。

　本章では、このようなウイルス感染禍が特に米食の消費形態に及ぼしてい
る影響を捉えてみたい。最初に、「巣ごもり」生活の浸透は外食産業に大き
な打撃を与えているのだが、（一社）日本フードサービス協会の「外食産業
市場動向調査」[1] に依拠してその様相を垣間見てみよう。

　図補-1は、外食産業の業態別利用客数について、2020年の１月から８月
までの推移を前年同月比で示している。同図によれば、いずれの業態も前年
対比で３月から５月にかけて大幅に利用客数を減らし、６月になって回復す
る傾向を見せている。但し、その減少度には業態間格差が大きく、「パブレ
ストラン・居酒屋」＞「ディナーレストラン」＞「喫茶」＞「ファミリーレ
ストラン」＞「ファーストフード」という序列関係にある。

　特に、利用・営業の自粛要請（規制）の強かった「パブレストラン・居酒
屋」の場合、４月・５月の利用客数は前年実績の約１割までに激減し、６月
以降も５割以下に低迷している。これに対して、店内の在席時間が短い「フ
ァーストフード」では、同時期でも前年比７割以上の客数を確保し、７月・
８月には９割までに回復している。

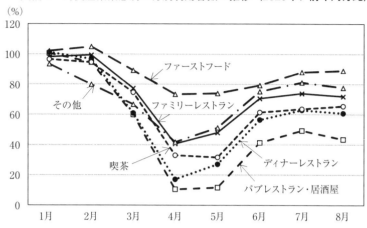

図補-1　外食産業業態別の月別利用客数の推移（2020年、前年同月比）

ファーストフード

その他

ファミリーレストラン

喫茶

ディナーレストラン

パブレストラン・居酒屋

注）日本フードサービス協会「外食産業市場動向調査」（2020年各月）より作成。
　　ファーストフードは、テイクアウトの業態も含む。以下の図も同じ。

　ここで、利用客数及び売上高の大きいファーストフードとファミリーレストランに関して、さらに店舗業種別の売上高の動向を詳しく見てみよう。**図補-2**によれば、ファーストフードの中でも、4月・5月の売上高の落ち込みでは店舗業種間の格差が大きい。

　ドライブスルーや持ち帰り（テイクアウト）が可能な「洋風」（ハンバーガー店等）の場合、前年並みの売上高を維持しており、ウイルス感染禍の影響を全く受けていないように見える。また、米食関連の「和風」（牛丼店等）と「持ち帰り米飯・回転寿司」では、4月・5月に前年比8割台に低下するが、7月・8月には9割台に回復する。これに対して、「麺類」（ラーメン店等）の落ち込みが大きく、4月は前年比45％、5月も51％の売上高に留まった。その後は上昇に転じたが、7月・8月になってもいまだ8割の水準で推移している。

　また、**図補-3**でファミリーレストランの場合について見ると、4月・5月は「和風」「洋風」「焼肉」のレストランでは前年比3〜5割までに落ち込んだのに対し、「中華」レストランは前年実績のおよそ6〜7割に留まった。

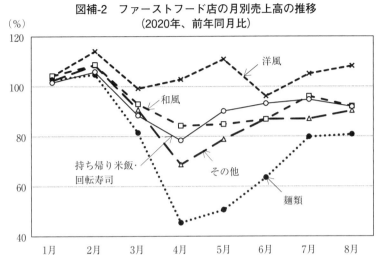

図補-2　ファーストフード店の月別売上高の推移
（2020年、前年同月比）

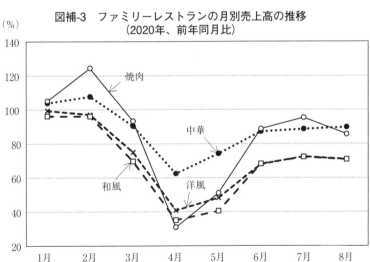

図補-3　ファミリーレストランの月別売上高の推移
（2020年、前年同月比）

　５月からは、いずれの店舗業種も回復基調にあるが、６月以降になって「焼肉」が「中華」レストランと並ぶ９割前後までに売上高が戻ったのに対して、「和風」と「洋風」のレストランは前年比約７割に留まっている。

　以上のことから、ウイルス感染禍が外食での米食消費に与えた影響という

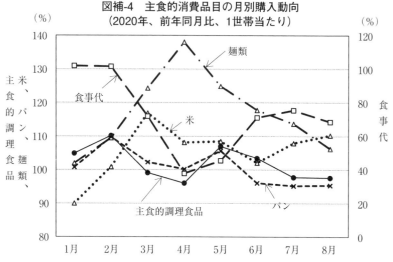

図補-4　主食的消費品目の月別購入動向
（2020年、前年同月比、1世帯当たり）

注）「家計調査」（2020年8月、家計収支編、二人以上世帯、品目分類）より
　作成。米・パン・麺類は購入量、主食的調理食品及び食事代は支出額ベー
　スである。

面では、ファーストフードでは小さく、ファミリーレストランでは大きいと
いえる。しかも、前者では7月以降に前年水準の9割強まで戻っているが、
後者では「和風」レストランの動向からみて、米食消費の回復がいまだ前年
より3割程度低い水準に留まっていると推測される。

　次に、家計支出から見た場合に、ウイルス感染禍が主食的消費に及ぼして
いる影響について、総務省「家計調査」から捉えてみよう。

　まず、**図補-4**によれば、2020年3～5月の「食事代」（主食的外食）の支
出（1世帯当たり、以下も同じ）は、前年同月対比で72%→38%→45%と大
きく落ち込んでいる。6月以降は回復基調にあるものの、6～8月ではいま
だ70%前後の低さで推移している。このような外食支出の縮小は、上述の外
食業界の利用客数及び売上高の動向に端的に反映している。そして、外食抑
制で「減った」主食的消費は、内食や中食に向かったと推察される。

　そこで、同図で「主食的調理食品」（中食）の購入支出の動向を見ると、
4月は前年対比で96%とやや低下するが、5月に106%、6月103%とやや上

昇している。一方、穀類購入の内食では、「麺類」の購入量が大きく増大しており、3月で124%、4月には138%のピークを迎え、以後はしだいに下降して8月には106%に至っている。また、「米」の購入量では、3月の117%から4月には108%、5月に109%と前年よりも増えており、以後もその傾向が続いている。これに対して「パン」の購入量は、3〜5月が100〜107%の範囲にあり、6〜8月では95〜96%で推移しているように、その変動幅は小さい。

　このことから、ウイルス感染禍による外食の縮小は、主食的消費においては、主に「麺類」（そば・うどん、パスタ、中華麺、カップ麺、即席麺等）と、それに加えて米の購入増大にも寄与したことが分かる。特に両者の購入量が増大した時期は、「巣ごもり」生活を最も強いられた3〜5月である。

　なお、3〜6月の「麺類」購入の急増は、前掲**図補-2**の「麺類」ファーストフード（うどん・そば、ラーメン等の専門店）の売上高激減と関連しているように思える。第3章で示したように、麺食はパン食と並んで、内食及び中食・外食での消費支出において一定程度の比重を占めており、日本人にとって主食品の一部として定着している。外食自粛で抑制された麺食への欲求が、家庭での内食において、うどんや中華麺、カップ麺[2]の購入増大をもたらしたのではないだろうか。

　特に米消費の変化に関しては、小売業界での販売状況から確認してみよう。農水省「米に関するマンスリーレポート」では、スーパー・生協等のPOSデータから把握した米の販売状況を公表している。

　図補-5は、前図と同様に2020年1月〜8月において、米類各品目の月別販売個数の実績を前年同月比で示している。これによれば、「米」（精米、玄米、もち米）は2月、3月にいずれも113%と増えたが、その反動（買いだめ）のせいか4月以降は低下し、6月には92%と減っている。

　さらに、「米飯加工品」（無菌パックの白飯、レトルト米飯、おかゆ、赤飯など）が2〜4月に113〜118%の範囲で増えている。但し、5月以降は前年水準で推移している。そして、「冷凍米飯加工品」（チャーハン、ピラフ、焼

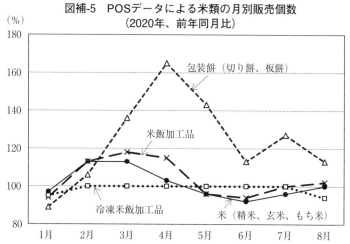

図補-5　POSデータによる米類の月別販売個数
（2020年、前年同月比）

注）農水省「米に関するマンスリーレポート」（2020年10月号）より引用・作成。
図中の「米飯加工品」とは無菌パックの白飯、レトルトタイプ、おかゆ、赤
飯であり、「冷凍米飯加工品」とはチャーハン、ピラフ、焼きおにぎりのこ
とである。

きおにぎり）は前年実績とほとんど変わっていない。これに対して、3～5
月に大きく増えた品目は「包装餅」（切り餅、板餅）であり、前年対比で各
月136％、165％、143％となる。それ以降も120％前後で推移している。

　このように、スーパー等における米の購入状況では、先述の「家計調査」
での動向とは異なって、2～3月での増大に限られている。また、米調理食
品では「包装餅」の増大のみが顕著であり、米飯加工品では2～4月の一時
期の増大に留まった。そして、冷凍米飯加工品については、その販売実績に
変動が見られない。但し、公表データは大小の商品を含む販売「個数」であ
り、販売量を端的に示す数値ではない。

　次に、主食的調理食品の消費状況について、今度は「家計調査」で品目別
に詳しく検討してみよう。図補-6によれば、「調理パン」及び「おにぎり他」
の購入支出（1世帯当たり、以下も同じ）については、3月・4月は前年対
比で大きく減少しており、5月以降では回復基調にあるが前年水準には戻っ
ていない。また、「すし（弁当）」は、前年比で4月にやや低下したあと5月・

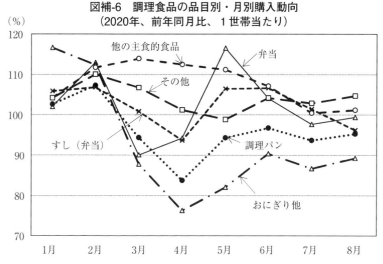

図補-6　調理食品の品目別・月別購入動向
（2020年、前年同月比、1世帯当たり）

注）出所は図補-1と同じ。図中の「他の主食的食品」とは「他の主食的調理食品」を、
　　「その他」は「その他調理食品」をいう。

6月は上昇しており、3〜8月を鳥瞰すればその変動は他品目より小さい。
さらに、「その他（調理食品）」では、2月・3月には110％、117％と増えて
いるが、それ以降は前年水準とあまり変わらない。

　これに対して、「弁当」の場合は、3月に前年比90％と落ち込んだが、5
月には逆に117％と増大しているように増減変動が大きく、外食自粛の影響
がどのように関係しているのか判断しがたい。また、「他の主食的（調理）
食品」（ピラフ・白飯・白がゆ等のレトルト食品、パスタ・ラザニア・焼き
おにぎり等の冷凍食品など）では、2月から6月までは110％前後と明らか
に増大している[3]。

　以上の**図補-4〜6**から判断すると、感染拡大による外食の自粛は米食の中
食を増大させたが、それは一部の品目（無菌包装米飯や包装餅等）に限られ
ており、しかも一時的であることが分かる。なお、精米はもちろん無菌包装
（パック）米飯や包装餅、あるいは麺類（そば・うどんや中華麺、パスタ等）
にしても何かしらの「調理」を必要とする。ウイルス感染禍の「巣ごもり」

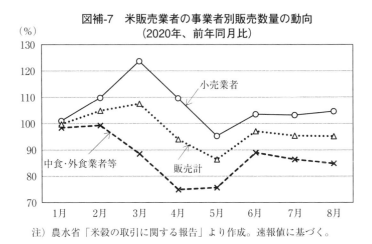

図補-7　米販売業者の事業者別販売数量の動向
（2020年、前年同月比）

注）農水省「米穀の取引に関する報告」より作成。速報値に基づく。

生活のなかで調理時間に余裕ができ、このような調理に手頃な品目が選択さ
れたように推察される[4]。反対に、同じ主食的調理食品でありながら、即
席食である「おにぎり」や「調理パン」ではその影響を受け、購入支出を大
きく減少させたのではないだろうか。

　ここで、農水省資料に依拠して、米食形態の変化が米穀販売業者に及ぼし
た影響を捉えてみよう。

　図補-7によれば、米販売業者の「中食・外食業者等」向けの販売数量は
３〜５月に減少し、４月・５月は前年同月比で75％前後に落ち込む。６月に
やや回復するが、それ以降も85％前後の低さで推移している。その動向は、
前掲**図補-2・3**の外食産業の売上高及び**図補-4**の「食事代」の推移と軌を一
にしている。

　他方、「小売業者」に対しては、２〜４月に110〜124％と一時的に前年実
績より大きく増大した。但し、５月にやや落ち込んだあと、６月以降は104
〜105％の微増で推移している。この「小売業者」への販売動向は、前掲**図
補-4**の家庭における米購入量の推移とほぼ同じ傾向を示している。但し、「小
売業者」での販売増は「中食・外食業者等」での落ち込みをカバーできてい
ない。そのため、両者を合わせた販売合計では、「小売業者」向け販売が急

増した３月には前年よりやや増えるが、４・５月になると大きく落ち込み、以後も前年よりも低位で推移している。

　なお、外食で減った主食米の需要分は、一部は家庭での精米購入やパック米飯等の米食品の原料米に振り向けられと考えられる。それ以外は、他の主食的調理食品、とりわけ前掲**図補-4**から推察すれば「麺類」に代替されたことになる。また、**図補-7**で米販売業者の販売量が６月以降も前年水準に戻っていない背景には、外食での消費ロス（残飯）部分の米需要が喪失したことや、人口減少及び１人当たり米消費量の減少傾向という通常のトレンド要因も影響していよう[5]。

　ところで、４月以降の米穀販売業者の販売量低下は流通在庫の増大となって表れた。農水省「米穀の取引に関する報告」によれば、うるち米の民間在庫数量（対前年差）は、2019年10月から12月までは６万トンから17万トンに増えていた。但し、翌年１月からは減少傾向で推移し、３月の在庫前年差は６万トンまでに圧縮された。その状況が４月以降に一変する。同月以降の米販売量の落ち込みを裏付けるように民間在庫は急増し、６月以降では前年より20万トン以上も増えている。

　この事態において、20年産は平年作という状況のもとに、米の需給関係が大きく緩和する見通しとなった。このため、ＪＡグループは2020年９月に、国の米穀周年供給・需要拡大支援事業を利用して、当年産の20万トンを21年11月以降に販売することに決めた。また、10月16日の農水省食糧部会では、20年産の予想生産量735万トン（同月末に723万トンに修正）に対して、21年産の適正生産量を679万トン（その後に693万トンに変更）とし、大幅な削減（減反）の必要性を示した。

　以上のように、ウイルス感染禍の外食需要の落ち込みは、主食用米及び酒米の供給過剰をもたらし、米価の下落傾向の兆しと相まって、米生産者を厳しい経営環境に直面させることになった。

　ところで、県市町村独自の支援事業に加えて、2020年７月下旬からの「GOTOトラベル」や秋以降の「GOTOイート」など国の大型助成事業の導

入で、外食産業の不況は緩和されつつある。但し、新型コロナウイルスの感染拡大は現時点（2020年10月末）で収束する見通しはなく、外食機会が制約された「巣ごもり」的な消費生活は今後も続くと予想される。そして、ウイルス感染禍が長引くにしたがい、経済不況の深化により失業者は増大し、多くの世帯で家計収入も減少する恐れが大きい。従って、これからは収入水準の低下が主食的消費及び米食を変容させる大きな要因になると思われる。果たして、前章末で推察したように、米食の「中食化」はさらに進展していくかどうか、今後の消費動向を注視していきたい。

（注）
（1）（一社）日本フードサービス協会の会員事業者に対する調査であり、2020年8月の調査対象は総計で225社、全店舗数3万8,106店であり、うちファーストフードでは57社、2万2,070店、ファミリーレストランでは59社、1万161店になる。
（2）20年3～5月は、うどん、中華麺、カップ麺の3者で、「麺類」購入支出の約3分の2を占めている。
（3）農水省「食品産業動態調査」によれば、無菌包装米飯では20年3月・5月・6月の生産量は前年同月比で約21～23％の増であり、冷凍米飯では4月6.4％、5月に10.2％の伸びとなっている。
（4）「家計調査」（二人以上世帯、品目分類）によれば、「しょう油」、「みそ」の購入支出（1世帯当たり）が前年同月比で、前者は20年3～7月に8～14％増、後者は4～6月に8～17％増となっており、同年3月以降の「巣ごもり」状況下で家庭内調理が増えたことを示唆している。
（5）農水省調査によれば、年間仕入量5万トン以上の販売事業者29社（米穀販売シェア約50％）の販売数量は、20年3～8月の6か月間で129万トンであり、前年同期より6.3万トンが減少したという。このうち、毎年の人口減少等によるトレンド要因を除いた、新型コロナウイルス感染症の影響を含む特別な要因による減少分は4.5万トンと推計している。但し、調査対象者の販売先は中食・外食向けの比重が高く、調査対象外の中小販売事業者は販売が好調な小売向けが比較的多いと推察している。（食料・農業・農村政策審議会食糧部会「米の基本指針（案）に関する主なデータ等」（参考資料2）、2020年10月、p.7による）

あとがき

　本書を改めて振り返ってみて、図表の多さに反して理解の不十分さや分析結果の未消化を反省させられる。その一端は、使用した統計自体にも起因する。「家計調査」の食料消費支出や「国民健康・栄養調査」の摂取（熱）量などの統計数値は年次変動が大きく、また、解釈不能な異常値も少なくないため、品目別や年齢階層別にその傾向性を判断するのが難しい。本文の中で、「鳥瞰すれば…」という曖昧な表現を濫用するはめになった。

　また、統計数値から把握できる「傾向性」を事実として提示できても、その背景事情の深い解明までには及ばず、今後の検討課題として残された点も多い。例えば、摂取熱量からみた2010年頃までの「小食化」の背景や、米の消費量で60代以上層の激減に対して、なぜ30代以下層では横ばいないし微減に留まっているのか、調理パンの購入が60代以上の世帯で突出して急増しているのはなぜか、中高年齢者に「中食化」を促進している諸事情は何か、等々である。本書では、仮説的な解釈を示す程度に留まっている。

　特に中高年齢者の「中食化」に関しては、本文で指摘しているように惣菜産業の発展が密接に関わっていると推察される。この点では、当該産業における主食的調理食品の販売形態や商品開発等の史的展開について、詳しく検討する必要性を痛感している。

　ところで、近年において、米消費の減少がまだしも抑制されているのは、家庭炊飯での米食減少をカバーしてきた中食での米食増大である。とりわけ、「パック米飯」や「おにぎり」に加えて、「弁当」（すし弁も含む）の貢献である。「弁当」の販売形態も多様化しており、コンビニやスーパーでの店頭販売だけではなく、専門店からの持ち帰りや生協等の宅配、会社・団体等への定期配給サービス、さらに明治以来の「駅弁」も健在である。日本固有の「弁当」食文化は、家庭から中食において継承され、発展している。

　国内の米消費量は、人口減少と高齢化で今後とも減少していくであろう。

但し、その状況は程度の差あれパン食や麺食でも同じである。米食の魅力は、どんな「おかず」でも受け入れる「ご飯」の包容力にある。従って、米食での「満足」感は、当然ながら「摂取量」の多少だけではなく、ご飯と適合するおかずの種類と組み合わせ、その見た目の美しさにあろう。

　そこで、市中の「弁当」商品は、価格に見合った「美味しさ」や「多様性（品揃えの豊富さ）」で競い合っている。第５章の「結論」とも関連するのだが、食料消費の「中食化」が避けられないとすれば、米食の「展望」は弁当産業が握っているように思われる。それは、60代半ばを過ぎて、夫婦ともども日常的にスーパーで昼食弁当を物色している筆者の偏見であろうか。

　なお、出版事情の厳しいおり、本書の出版を引き受けて頂いた筑波書房の鶴見治彦社長には心より感謝申し上げたい。

　2020年11月

青柳　斉

著者略歴

青柳　斉（あおやぎ　ひとし）

1954年岩手県生まれ（本籍は山形県）、新潟大学農学部卒、京都大学大学院農学研究科博士後期課程修了（農学博士）。新潟大学農学部、福島大学食農学類設置準備室を経て、現在は（一社）農業開発研修センター客員研究員、福島大学客員教授、新潟大学名誉教授。専門は農業経済学（米穀産業論、協同組合論、中国農業論）。

主な著書（副題を省略）
　単著『低成長下の農協経営構造』明文書房、1986年
　単著『集落生産組織の展開形態と人材形成』農政調査委員会、1997年
　共著『米産業の競争構造』農山漁村文化協会、1998年
　単著『農協の組織と人材形成』全国協同出版、1999年
　単著『中国農村合作社の改革』日本経済評論社、2002年
　単著『農協の経営問題と改革方向』筑波書房、2005年
　共編著『雇用と農業経営』農林統計協会、2008年
　編著『中国コメ産業の構造と変化』昭和堂、2012年
　共著『制度環境の変化と農協の未来像』昭和堂、2019年

米食の変容と展望
2000年以降の消費分析から

2021年3月3日　　第1版第1刷発行

著　者　青柳　斉
発行者　鶴見　治彦
発行所　筑波書房
　　　　東京都新宿区神楽坂2－19銀鈴会館
　　　　〒162-0825
　　　　電話03（3267）8599
　　　　郵便振替00150－3－39715
　　　　http://www.tsukuba-shobo.co.jp
定価はカバーに示してあります

印刷／製本　中央精版印刷株式会社
©2021 Hitoshi Aoyagi Printed in Japan
ISBN978-4-8119-0590-7 C3061